普通高等教育"十三五"规划教材

物联网安全实践

WULIANWANG ANQUAN SHIJIAN

雷敏　王婷　编著

U0282589

北京邮电大学出版社
www.buptpress.com

内 容 简 介

物联网安全是当前社会关注的热点,基于物联网的智能终端各种安全事件频发。本书介绍物联网智能终端和协议存在的安全隐患,并对这些安全隐患进行分析与加固。书中对智能摄像头、智能插座、Zig-Bee、蓝牙、物联网应用层协议、NFC 等安全问题进行分析,同时还介绍物联网安全分析所需要的工具和基本方法。

本书可作为高校网络空间安全、信息安全和计算机等相关专业学生的课程实验、课程设计、项目实践、项目实训教材,也可用于社会从业人员的学习提高,同时还可作为各培训机构的实践教材。

图书在版编目(CIP)数据

物联网安全实践 / 雷敏,王婷编著 . -- 北京:北京邮电大学出版社,2017.7
ISBN 978-7-5635-5103-3

Ⅰ.①物…　Ⅱ.①雷…②王…　Ⅲ.①互联网络－应用－安全技术 ②智能技术－应用－安全技术
Ⅳ.①TP393.4 ②TP18

中国版本图书馆 CIP 数据核字(2017)第 108393 号

书　　　名:物联网安全实践
著作责任者:雷　敏　王　婷　编著
责 任 编 辑:刘　佳
出 版 发 行:北京邮电大学出版社
社　　　址:北京市海淀区西土城路 10 号　(邮编:100876)
发　行　部:电话:010-62282185　传真:010-62283578
E-mail:publish@bupt.edu.cn
经　　　销:各地新华书店
印　　　刷:北京鑫丰华彩印有限公司
开　　　本:787 mm×1 092 mm　1/16
印　　　张:8.5
字　　　数:210 千字
版　　　次:2017 年 7 月第 1 版　2017 年 7 月第 1 次印刷

ISBN 978-7-5635-5103-3　　　　　　　　　　　　　　　定　价:20.00 元

Foreword 前言

Foreword

　　没有网络安全，就没有国家安全；没有网络安全人才，就没有网络安全。

　　为了更多、更快、更好地培养网络安全人才，国务院学位委员会正式批准增设"网络空间安全"一级学科，并且首批授予了北京邮电大学等 29 所大学"网络空间安全一级学科博士点"。如今，许多大学都在努力培养网络安全人才，都在下大功夫、下大本钱，聘请优秀老师，招收优秀学生，建设一流的网络空间安全学院。

　　优秀教材是培养网络空间安全专业人才的关键。但是，这却是一项十分艰巨的任务，原因有二：一是，网络空间安全的涉及面非常广，至少包括密码学、数学、计算机、操作系统、通信工程、信息工程、数据库、硬件等学科，因此，其知识体系庞杂、难以梳理；二是，网络空间安全的实践性很强，技术发展更新非常快，对环境和师资要求也很高。

　　随着万物互联的普及，越来越多的物联网智能终端部署，但是物联网系统也存在诸多安全隐患，物联网安全越来越重要。目前理论结合实践的物联网教材较少，为弥补案例教学、实训教学等方面的薄弱环节，本书作者计划出版《物联网安全实践》一书。因为，物联网实践部分在过去的教材中很少涉及，而随着物联网的迅速普及，它已经成为网络空间安全的重要内容之一。因此，开展物联网安全实践研究对网络空间安全人才的培养具有十分重要的现实意义。

　　本书通过介绍典型的物联网系统存在的安全隐患，分析典型物联网系统智能终端安全案例，通过介绍典型物联网智能终端存在的安全隐患案例让研究人员更好地掌握物联网系统存在的安全隐患。书中选取的案例均是比较典型的案例，此种类型的漏洞在其他物联网中也存在。本书案例不针对某种产品，而且所有的案例仅仅用于教学。

　　本书针对每种类型的安全漏洞都尽量提出加固建议，宗旨是希望帮助物联网安全的研究人员和物联网系统的研发人员掌握物联网安全漏洞产生的原因和原理，从而找到修补这些安全漏洞的方法，对这些漏洞进行修补。通过本书的介绍希望能让研发人员重视安全，通过学习这些安全漏洞产生的原因让物联网系统的研发人员在研发过程中避免再次出现类似的安全隐患，从而避免物联网系统出现类似的安全漏洞和安全隐患。

　　本书内容涵盖物联网智能摄像头、智能路由器、智能开关等各种智能家居设备的安全分析,包含物联网基本概念、物联网系统架构、物联网安全威胁、物联网各种安全分析案例等。

本书第 4 章和第 8 章由中国信息安全测评中心王婷编写;其余章节由北京邮电大学网络空间安全学院信息安全中心雷敏副教授编写。在本书编写过程中,中国信息安全测评中心张普含博士、谢丰博士、马洋洋等提供了很多宝贵意见,北京邮电大学多名研究生和本科生实践了书中的案例,在此对他们表示衷心感谢。

本书针对物联网安全,实践内容丰富、新颖,可操作性强,既适合网络空间安全、信息安全等相关专业的学生,也适合物联网安全研究人员、开发人员和有志于进一步提高物联网安全实践能力的读者。

今后随着物联网技术的不断发展,随着 NB-IoT 和基于 LoRa 的蜂窝物联网系统的逐步商用,越来越多的物联网终端采用基于 LPWAN 方式接入物联网,这些物联网设备会产生很多的安全隐患。同时随着工业物联网和医疗物联网等各种物联网应用的逐步发展,物联网系统将会出现更多的安全问题,今后将不断地更新图书内容。

网络空间安全实践教学除需要教材外,还需要用于实践教学的教学环境,本书所有的实验均需在实验环境下完成,本书作者将探索搭建书中所有实验内容所需的实验环境。

由于作者水平有限,书中难免存在疏漏和不妥之处,欢迎读者批评指正。
作者联系方式:雷敏,leimin@bupt.edu.cn。

编著者
2016 年 12 月

目录

Contents

1

第 1 章

物联网概述

1.1 物联网基本概念

物联网（The Internet of Things）是新一代信息技术的重要组成部分，也是"信息化"时代的一个重要发展阶段。物联网，顾名思义，是物物互联网络。相对于互联网，物联网扩展到了任何的物体与其他物体之间的信息交换和通信。

关于物联网，至今没有一个统一的定义，最初提出其概念可以概括为通过射频识别（RFID）技术、红外感应器、全球定位系统、激光扫描器等信息传感设备，按约定的协议，把任何物品与互联网相连接，进行信息交换和通信，以实现智能化识别、定位、跟踪、监控和管理的一种网络。

欧盟提出物联网的定义：物联网是未来互联网的一部分，能够被定义为基于标准和交互通信协议的具有自配置能力的动态全球网络设施，在物联网内物理和虚拟的"物件"具有身份、物理属性、拟人化等特征。

国际电信联盟（ITU）在《ITU2015互联网报告：物联网》中指出：物联网是指通过射频识别技术（RFID）、传感器技术、纳米技术、智能嵌入技术等解决物品到物品（Thing to Thing，T2T）、人到物品（Human to Thing，H2T）、人到人（Human to Human，H2H）之间的互联。

2010年，温家宝总理在十一届人大三次会议上所做的政府工作报告中对物联网做了如下定义：物联网是指通过信息传感设备，按照规定的协议，把任何物品和互联网连接起来，进行信息交换和通信，以实现智能化识别、定位、跟踪、监控和管理的一种网络。

物联网的起源可追溯至1995年，比尔·盖茨在《未来之路》一书中描绘了物联网的雏形，但由于当时设备和技术的限制，物联网并没有受到人们的广泛关注。四年后，美国麻省理工学院（MIT）成立了"自动识别中心（Auto-ID）"，该中心的Kevin Ashton教授于1999年在研究RFID时最早阐明了物联网的基本含义，将"物联网"定义为把所有物品通过射频识别（RFID）和条码等信息传感设备与互联网连接起来，实现智能化管理和识别的网络。

2005年11月17日，在突尼斯举行的消息社会世界峰会（WSIS）上，国际电信联盟（ITU）发布了名为《ITU互联网报告2005：物联网》的年度报告，扩展了物联网的概念，同时物联网的范围也得到了较大的扩展。世界上所有的物体都能够通过互联网进行积极沟通，物联网也不再仅指基于射频识别（RFID）技术的网络，传感器技术、纳米技术、智能嵌入技术也将得到更加普遍的利用。物联网观念的普及很大程度上受益于此。

2008年，IBM提出了"智慧地球"发展战略后，迅速得到了美国政府的高度重视。2009年，美国总统奥巴马在和工商领袖举行的圆桌会议上做出积极回应，将"新能源"和"物联网"作为振兴美国经济的两大武器，物联网就是在这一年进入快速发展之年。

1

同年,温家宝总理考察了中科院高新微纳传感网工程技术研发中心,强调在未来物联网的发展中要早一点谋划,早一点攻破其核心技术。欧盟执委会也在 2009 年发布了欧洲物联网行动计划,描绘了物联网技术的应用前景,提出欧盟政府要加强对物联网的管理,促进物联网的发展。此外,韩国和日本也都于 2009 年针对本国物联网发展做出相应规划并出台政策。

1.2 物联网系统架构

物联网作为战略性新兴产业的重要组成部分,已成为当前世界新一轮经济和科技发展的战略制高点之一。越来越多的移动终端开始接入企业或家庭网络,全球领先的信息技术研究和顾问公司 Gartner 预计 2016 年全球将使用 64 亿个物联网设备,到了 2020 年,全球所使用的物联网设备数量将增长至 208 亿个。

物联网通信技术有很多种,从传输距离上区分,可以分为两类:一类是短距离通信技术,代表技术有 ZigBee、Wi-Fi、Bluetooth、Z-wave 等,典型的应用场景如智能家居;另一类是广域网通信技术,业界一般定义为低功耗广域网(Low-Power Wide-Area Network,LP-WAN),典型的应用场景如智能抄表。

当前,物联网系统架构有两种划分方法,第一种方法是将物联网系统分为感知层、传输层、管控层和应用层的四层架构,如图 1.1 所示。其中感知层由各种具有感知能力的

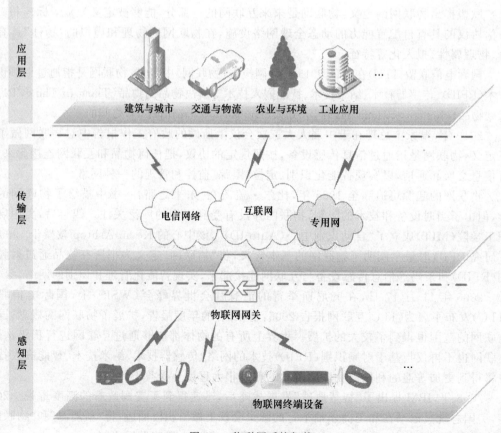

图 1.1 物联网系统架构

设备组成,主要用于感知和采集数据。传输层也被称为网络层,解决的是感知层所获得的数据传输问题,是进行信息交换、传递的数据通路,包括接入网与传输网两种。管控层主要接受采集到的数据信息,进行相关的信息存储、处理和控制等事务。应用层根据底层采集的数据,形成与业务需求相适应、实时更新的动态数据资源库,为各类业务提供统一的信息资源支撑,从而最终实现物联网各个行业领域应用,一般情况下也可以将管控层合并划分到应用层。

第二种分类方法是将物联网系统分为海(海量的终端设备)、网(网络通信)和云(云端服务),其中"海"对应感知层海量终端,这些海量终端包括基于 Wi-Fi 协议、ZigBee、蓝牙等短距离无线通信协议的终端,也包括基于 NB-IoT 和 LoRa 等新兴技术的各种智能终端。"网"对应传输层的网络通信,"云"对应管控层和应用层,如图 1.2 所示。其中感知层的智能终端收集各种数据,感知层收集的数据通过网络层传送到应用层,应用层对这些数据进行处理。

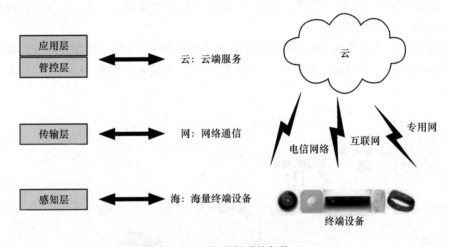

图 1.2 物联网系统架构

1.3 物联网的应用领域

物联网应用涉及国民经济和人类社会生活的各个方面,它将改变人们的生活方式,对整个社会产生深刻变革。下面介绍物联网的主要应用领域。

1. 智能安防

随着智能摄像头的普及和智慧城市的建设,越来越多的智能安防系统应用在城市管理、工厂和学校的监控。联网的智能监控设备通过网络将监控的画面实时传送到智能监控管理平台,智能监控的管理平台对所有已经安装的智能安防设备进行管理,并收集智能安防设备采集的各种实时画面。

智能安防系统的架构如图 1.3 所示,智能安防系统主要用于监控和智慧城市建设与管理等。

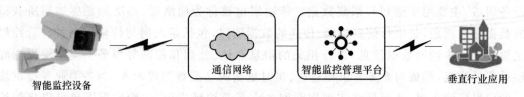

图 1.3　智能安防系统的架构图

2. 家联网

家联网(Home internet)是将家中所有的智能家电,如彩电、冰箱、洗衣机等大家电和各种小家电,如灶具、窗帘、微波炉等连成一个局域网,图 1.4 展示了家庭互联网网络的大致架构,网络节点包括控制点、设备和网关。

控制点是网络中的控制器,如手机、PAD、机顶盒等人机交互设备。设备是服务提供者,如电视、空调、冰箱、烟灶、开关、窗帘等。网关是一种特殊设备,可以含有一般设备的所有属性,也可作为其他设备的代理。控制点、设备和网关都是逻辑设备,某一个物理设备可以同时是设备、网关和控制点。

随着家联网的不断发展,越来越多的设备进入到家联网,除传统使用 Wi-Fi 协议的设备之外,还有很多使用 ZigBee、蓝牙或者其他各种短距离通信协议的设备接入到家庭互联网中。

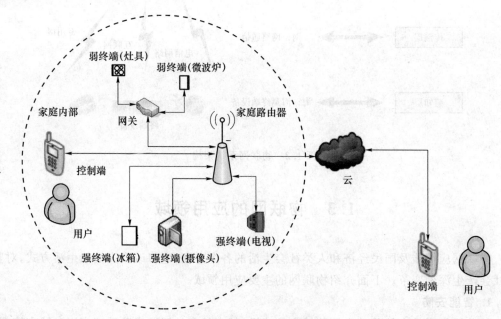

图 1.4　家庭互联网网络构架图

3. 基于 LoRa 的物联网系统

LoRa 是 LPWAN(低功耗广域物联网)的一种,目前国内已成立中国 LoRa 应用联盟(简称"CLAA"),旨在推动 LoRa 产业链在中国的应用和发展,建设多业务共享、低成本、广覆盖、可运营的 LoRa 物联网。LoRa 的网络结构如图 1.5 所示,其中 LoRa 的网关可以接入数量众多的终端设备,LoRa 使用非授权频段。

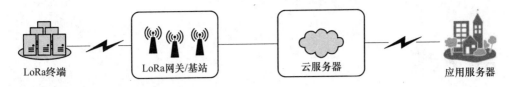

图1.5 LoRa 物联网

4. 基于 NB-IoT 的物联网系统

NB-IoT 是 LPWAN(低功耗广域物联网)的一种,是 2015 年 9 月在 3GPP 标准组织中立项提出的一种新的窄带蜂窝通信 LPWAN 技术。其核心是面向低端物联网终端(低耗流),适合广泛部署在智能家居、智慧城市、智能生产等领域,NB-IoT 基于现有的蜂窝网络构建,只消耗约 180 kHz,可以直接部署在 GSM 网络、UMTS 网络和 LTE 网络。NB-IoT 使用授权频谱,网络结构如图 1.6 所示。其中 NB-IoT 的智能终端连接到 NB-IoT 基站,基站和 NB-IoT 核心网连接,然后将上传到各种 IoT 的管理应用平台,之后将数据用于各种垂直行业应用。

图1.6 NB-IoT 物联网系统架构

5. 车联网

车联网(Internet of Vehicles)是当前比较热门的一种物联网的应用领域。车联网由车辆、驾驶员和车载智能系统等多系统组成一个巨大交互网络,用于实时完成车辆之间的通信和交互。在感知层,车辆通过 GPS、RFID、传感器、摄像头图像处理等装置,完成自身环境和状态信息的采集;在网络层,车联网终端收集的各种信息通过网络通信技术,将自身采集的各种信息传输汇聚到应用层或云端;应用层和云端通过计算机和人工智能处理技术,将收集的信息进行分析和处理,从而计算出不同车辆的最佳行驶路线,及时汇报路况和安排信号灯周期,从而能够缓解交通的原理,合理地规划路线等。

1.4 思 考 题

1. 物联网一般分为几个层次,每个层次中涉及哪些技术?

2. 随着物联网技术的发展,物联网典型的应用领域越来越多,请调研物联网的典型应用领域。

3. LoRa 和 NB-IoT 的主要差别是什么?请给出一个典型的行业应用说明两者之间的差别。

4. 物联网对人们的生活带来哪些变化,请举例说明。

第 2 章

物联网通信协议

物联网的智能终端和控制 APP 需要通过通信网络和云端通信，智能终端和云端通信的过程中采用各种通信协议，如物理层/MAC 层、网络层、传输层和应用层。其中网络层所使用的协议和传统的互联网所使用的协议相同。本章主要介绍物联网系统所使用的应用层协议，物理层所使用的安全协议，如 ZigBee、蓝牙等将在后续章节介绍。

2.1 物联网通信协议概述

2.1.1 物联网各层通信协议

物联网各层所使用的通信协议不同，物联网所使用的协议分为物理层、网络层、传输层和应用层四层，每层所使用的通信协议不同。各层所使用的通信协议如图 2.1 所示。

物理层在物联网体系中，也叫接入层，是物联网设备组网和接入网络的基层，它包括蜂窝网络协议 GSM、GPRS、LTE、无线局域网协议 IEEE 802.11、宽带无线 MAN 标准 IEEE 802.16 和低速率个人无线网协议 IEEE 802.15.4 等，还包括近距离通信协议蓝牙、NFC 等。

网络层、传输层和传统的计算机网络中的层次类似。网络层以 IP 协议为主，包括 IPv4 和 IPv6 等，除此之外在 IPv6 的基础上，还提出了专门针对物联网而设计的低速率个人无线网协议 6LoWPAN，以及基于 802.15.4 的低功耗局域网协议 ZigBee 等。网络层对端到端的包传输进行定义，它定义了能够标识所有结点的逻辑地址，还定义了路由实现的方式和学习的方式。

传输层以 TCP 和 UDP 协议为主，这层的功能包括是否选择差错恢复协议还是无差错恢复协议，及在同一主机上对不同应用的数据流的输入进行复用，还包括对收到的顺序错误的数据包的重新排序功能。

应用层负责设备之间应用程序通信服务，是用户日常接触最多的层次。在物联网体系中，除了常规的 HTTP、WebSocket、XMPP 协议之外，还有专门针对物联网应用提出的 CoAP 协议、MQTT 协议等。

物联网应用层所使用的协议很多，包括 HTTP、HTTPS、XMPP、MQTT 等。这些协议都已经被广泛地应用，并且每种协议都有多种代码实现的方法，但是在具体物联网系统架构设计时，需要考虑实际场景的通信需求，选择合适的协议，可以通过 3G/4G 适配性能、LIN 适配性能、计算资源等来进行筛选分析。物联网由于资源受限、网络环境复杂等因素，其应用层的通信协议很难做到既满足低功耗和运算能力的需求，又保证通信数据的安全。本章对目前具有代表性的 4 种通信协议 HTTP、XMPP、CoAP、MQTT 做一个简单的介绍以及安全性分析。

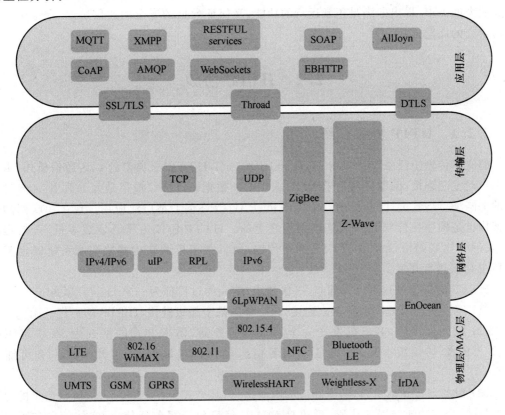

图 2.1　NB-IoT 物联网系统架构

2.1.2　物联网应用层协议比较

物联网应用层有各种不同的协议,每种协议的特点不同,底层所使用的传输协议也不同,表 2.1 总结了物联网所使用的四种不同的应用层协议。

表 2.1　物联网应用层协议比较

协议	HTTP	XMPP	CoAP	MQTT
传输协议	TCP	TCP	UDP	TCP
消息模式	请求/响应	发布/订阅 请求/响应	请求/响应	发布/订阅 请求/响应
2G,3G,4G 适配性能(千级节点)	优	优	优	优
LLN 适配性能(千级节点)	一般	一般	优	一般
计算资源	10 ks RAM/Flash	10 ks RAM/Flash	10 ks RAM/Flash	10 ks RAM/Flash

物联网由于资源受限、网络环境复杂等因素,其应用层的通信协议很难做到既满足低功耗和运算能力的需求,又保证通信数据的安全。本章首先介绍了物联网的架构和物联网的

通信协议框架,然后对具有代表性的应用层协议 HTTP、XMPP、CoAP、MQTT 等做了简要的协议介绍,最后对上述四种应用层协议进行了安全性分析。针对物联网环境下低功耗、低运算能力的需求,提出即满足正常运行的功能,又保证数据的安全的通信协议,是一个值的长期研究的课题。

2.2 HTTP 协议

2.2.1 HTTP 协议介绍

超文本传输协议(HyperText Transfer Protocol,HTTP)是典型的 C/S 通信模式,由客户端主动发起连接,向服务器请求 XML 或 JSON 数据。该协议最早是为了适用 Web 浏览器的上网浏览场景设计的,目前在 PC、手机、PAD 等终端上都广泛应用。现在物联网的通信架构也是构建在传统互联网基础架构之上的。HTTP 协议由于开发成本低、开放程度高,大部分物联网协议采用 HTTP 网络传输,所以很多厂商在构建物联网系统时也基于 HTTP 协议进行开发。

HTTP 的工作过程可分为四步,一次请求/响应的过程称为一个 HTTP 事务。

(1)客户机与服务器需要建立连接,只要单击某个超级链接,HTTP 的工作开始。

(2)建立连接后,客户机发送一个请求给服务器,请求方式的格式为:统一资源标识符(URL)、协议版本号,后边是 MIME 信息包括请求修饰符、客户机信息和可能的内容。

(3)服务器接到请求后,给予相应的响应信息,其格式为:一个状态行,包括信息的协议版本号、一个成功或错误的代码,后边是 MIME 信息包括服务器信息、实体信息和可能的内容。

(4)客户端接收服务器所返回的信息通过浏览器显示在用户的显示屏上,然后客户机与服务器断开连接。

2.2.2 HTTP 协议安全性分析

HTTP 协议应用在物联网场景存在三个缺陷。

(1)由于必须由设备主动向服务器发送数据,难以主动向设备推送数据,所以只对简单的数据采集等场景勉强适用,而对于频繁的操控场景,只能通过设备定期主动拉取的方式来实现消息推送,实现成本和实时性都不佳。

(2)HTTP 采用明文传输,并且缺乏消息完整性的检验。研究人员使用网络嗅探的方式就可以轻易获取明文传输的信息,而 HTTP 只在数据包头进行了数据长度的检验,并未对数据内容做验证,研究人员可以轻易地发起中间人攻击。因此 HTTP 在很多安全性要求较高的物联网场景(如移动支付等)是不适用的。

(3)不同于用户交互终端如 PC、手机,物联网场景中的设备多样化对于运算和存储资源都十分受限,HTTP 协议、XML/JSON 数据格式的解析都无法有效地实现。

针对难以主动向设备推送数据这个缺陷,提出了 WebSocket 的办法。WebSocket 是 HTML5 提出的基于 TCP 之上的可支持全双工通信的协议标准,其在设计上基本遵循 HT-

TP 的模型,对基于 HTTP 协议的物联网系统是一个很好的补充。

针对明文传输问题,可采用 HTTPS(Hyper Text Transfer Protocol over Secure Socket Layer)协议,是以安全为目标的 HTTP 通道,简单讲是 HTTP 的安全版。即 HTTP 下加入 SSL 层,HTTPS 的安全基础是 SSL,因此加密的详细内容就需要 SSL。

2.3　XMPP 协议

2.3.1　XMPP 协议介绍

XMPP 是一种基于标准通用标记语言子集 XML 的协议,它继承了在 XML 环境中灵活的发展性。因此,基于 XMPP 的应用具有超强的可扩展性。经过扩展以后的 XMPP 可以通过发送扩展的信息来处理用户的需求,以及在 XMPP 的顶端建立如内容发布系统和基于地址的服务等应用程序。而且,XMPP 包含了针对服务器端的软件协议,使之能与另一个系统进行通话,这使得开发者更容易建立客户应用程序或给一个配好的系统添加功能。

XMPP 中定义了三个角色,客户端、服务器、网关,通信能够在这三者的任意两个之间双向发生。服务器同时承担了客户端信息记录、连接管理和信息的路由功能。网关承担着与异构即时通信系统的互联互通,异构系统包括 SMS(短信)、MSN、ICQ 等。基本的网络形式是单客户端通过 TCP/IP 连接到单服务器,然后在此之上传输 XML。

由于其开放性和易用性,在互联网及时通信应用中运用广泛。相对于 HTTP,XMPP 在通信的业务流程上更适合物联网系统,开发者不需要耗费过多精力去解决设备通信时的业务通信流程,相对开发成本更低。

2.3.2　XMPP 协议安全性分析

XMPP 虽然优化了通信业务的流程,降低了开发成本,但是在 HTTP 协议中的安全性以及计算资源消耗等问题并没有得到本质的解决。如果物联网智能设备需要保持长时间在线的会话并且要接收云端消息,可采用简单方便的 XMPP 协议。相应的 XMPP 协议存在的安全问题也将带入到该物联网环境中。

如图 2.2 所示,国内某厂商的物联网设备和第三方平台之间使用 XMPP 协议实现会话控制和长连接保持在线,用户通过手机发送指令到云端服务来控制相应的设备。在此场景下,研究人员通过网络嗅探的方式,可以轻易地获取设备与云平台通信明文的完整内容,利用支持 XMPP 协议的普通聊天软件即可模拟设备登录云平台。在搜集了大量的设备与云端通信内容后,可以获得完整的控制业务流程,控制指令集等重要的敏感信息,进一步修改设备 ID 编号即可控制其他在线的任意同款设备。

从示例可以看出,简单地使用 XMPP 协议具有重大的安全隐患,一旦研究人员完全控制设备并发送恶意指令,如空调温度设为 100 ℃、洗衣机高速空转等,都将可能威胁到用户的经济利益和人身安全。

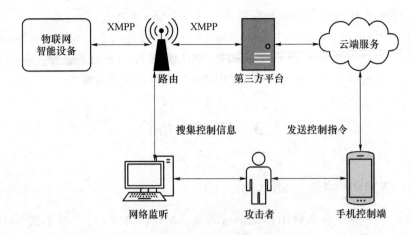

图 2.2 基于 XMPP 的物联网攻击示例

2.4 CoAP 协议

2.4.1 CoAP 协议介绍

由于互联网中应用的 HTTP 和 XMPP 等协议无法满足在物联网环境下的各项需求,于是业界提出了既可以借用 Web 技术的设计思想,同时又能适应恶劣的物联网设备运行环境的协议,即受限应用协议(Constrained Application Protocol,CoAP)。

CoAP 协议的设计目标就是在低功耗低速率的设备上实现物联网通信。CoAP 和 HTTP 一样,采用 URL 标示需要发送的数据,在协议格式的设计上也基本是参考 HTTP 协议,非常容易理解。同时也进行了以下三方面的优化:采用 UDP 协议,以节省 TCP 建立连接的成本及协议栈的开销;将数据包头部采用二进制压缩,以减小数据量,适应低网络速率场景;发送和接收数据可以异步,以提升设备响应速度。

2.4.2 CoAP 协议安全性分析

CoAP 协议可以比喻为针对物联网场景的 HTTP 移植,保留了很多与 HTTP 相似的设计。核心内容包括资源抽象、REST 式的交互以及可扩展的头选项等,但是因为采用了不稳定连接的 UDP 传输层协议,CoAP 无法直接通过 SSL/TLS 加密协议进行安全加固,而为了实现数据加密、完整性保护和身份验证等安全保护,CoAP 提出使用数据报传输层安全(Datagram Transport Layer Security,DTLS)作为安全协议,这需要大量的信息交流才能建立安全的会话,因此使用 DTLS 协议会使得物联网设备的效率很低。除此之外,使用 UDP 连接导致 CoAP 无法提供公共订阅消息队列,对物联网设备的反控难以有效地实施。此外,由于很多物联网设备隐藏在局域网内部,CoAP 设备作为服务器无法被外部设备寻址,在 IPv6 普及之前,CoAP 只适用于局域网内部通信,这也很大限制了它的发展。

2.5　MQTT 协议

2.5.1　MQTT 协议介绍

消息队列遥测传输（Message Queuing Telemetry Transport，MQTT）是由 IBM 开发的即时通信协议，相对来说是比较适合物联网场景的通信协议。MQTT 协议在设计时就考虑到不同设备的计算性能差异，所以所有的协议都采用二进制格式编解码，并且编解码格式都非常易于开发和实现。最小的数据包只有 2 个字节，对于低功耗低速网络也有很好的适应性，有非常完善的 QoS 机制，根据业务场景可以选择不同的消息送达模式。

MQTT 协议采用发布/订阅模式，所有的物联网终端都通过 TCP 连接到云端，云端通过主题的方式管理各个设备关注的通信内容，负责设备与设备之间消息的转发。

2.5.2　MQTT 协议安全性分析

MQTT 协议的最大优势在于其公共订阅消息队列机制以及多对多广播能力，有了指向 MQTT 代理端的长效 TCP 连接的支持，以有限带宽进行消息收发变得简单而轻松。

但 MQTT 协议的缺点也在于此，其始终存在的连接限制了设备进入休眠状态的整体时长。同时，MQTT 缺少基础协议层面的加密机制。MQTT 被设计为一种轻量化协议，内置加密的方式支持 TLS 协议，但这会给传输连接增加很大负担，如果在应用程序层级添加定制化安全机制，则需要进行大量的调整工作。

2.6　思　考　题

1. HTTP 协议和 HTTPS 协议所使用的默认端口分别是哪个？这两个协议之间有什么区别？

2. XMPP 协议存在哪些缺陷？

3. MQTT 协议的特点是什么？

4. 当物联网智能终端设备使用各种物联网通信协议和云端进行通信时，不同的协议和云端通信的方式不同，请举例说明。

第3章

···

LPWAN 物联网安全问题

低功耗广域物联网(Low-Power Wide-Area Network,LPWAN)技术可分为两类:一类是工作在非授权频段的技术,如 LoRa、Sigfox 等,这类技术大多是非标准化、自定义实现;另一类是工作在授权频段的技术,如 GSM、CDMA、WCDMA 等较成熟的 2G/3G 蜂窝通信技术,以及目前逐渐部署应用、支持不同 category 终端类型的 LTE 及其演进技术,这类技术基本都在 3GPP(主要制定 GSM、WCDMA、LTE 及其演进技术的相关标准)或 3GPP2(主要制定 CDMA 相关标准)等国际标准组织进行了标准定义。

NB-IoT(Narrow Band-Internet of Things)是 2015 年 9 月在 3GPP 标准组织中立项提出的一种新的窄带蜂窝通信 LPWAN 技术。其核心是面向低端物联网终端(低耗流),适合广泛部署在智能家居、智慧城市、智能生产等领域。

2014 年 5 月,在 GERAN 组"FS_IoT_LC"的研究项目中,主要有 3 项技术被提出,分别是拓展覆盖 GSM 技术、NB-CIoT 技术和 NB-LTE 技术。其中 NB-CIoT 由华为、高通和 Neul 联合提出,NB-LTE 由爱立信、中兴、诺基亚等厂家联合提出。最终,在 2015 年 9 月的 69 次全会上协商统一为 NB-IoT 技术。

2016 年 4 月,NB-IoT 物理层标准在 3GPP R13 冻结,2016 年 6 月,NB-IoT 核心标准正式在 3GPP R13 冻结,2016 年 9 月完成性能部分的标准制定,2016 年 12 月,最后的一致性测试冻结,2017 年 NB-IoT 将正式商用。物联网商业领域即将开启一个大规模增长的时代。

3.1　基于 LPWAN 的物联网技术

蜂窝通信正在从人和人的连接,向人与物以及物与物的连接迈进,万物互联是必然趋势。相比蓝牙、ZigBee 等短距离通信技术,移动蜂窝网络具备广覆盖、可移动以及大连接数等特性,能够带来更加丰富的应用场景,应成为物联网的主要连接技术。作为 LTE 的演进型技术,4.5 G 除了具有高达 1 Gbit/s 的峰值速率,还意味着基于蜂窝物联网的更多连接数,支持海量 M2M 连接以及更低时延,将助推高清视频、VoLTE 以及物联网等应用快速普及。蜂窝物联网正在开启一个前所未有的广阔市场,对于电信运营商而言,车联网、智慧医疗、智能家居、智慧城市等物联网应用将产生海量连接,远远超过人与人之间的通信需求。

3.1.1　LoRa 技术及其发展

LoRa 是 LPWAN 通信技术的一种,是美国 Semtech 公司采用和推广的一种基于扩频技术的超远距离无线传输方案。这一方案为用户提供一种简单的能实现远距离、长电池寿命、大容量的系统，进而扩展至传感网络。目前，LoRa 主要在全球免费频段运行，包括 433 MHz、868 MHz、915 MHz 等。

2015 年 3 月，Semtech 公司牵头成立了开放的、非营利的组织——LoRa 联盟，一年时间里，LoRa 联盟已经发展成员公司 150 余家，整个产业链从终端硬件生产商、芯片产商、模块网关产商到软件厂商、系统集成商、网络运营商等每一环均有大量的企业，这种技术的开放性、竞争与合作的充分性促使了 LoRa 的快速发展与生态繁盛。

LoRa 网络主要由终端（可内置 LoRa 模块）、网关（或称基站）、Server 和云四部分组成。应用数据可双向传输。

LoRa 联盟推出了一个基于开源的 MAC 层协议的 LPWAN 标准——LoRaWAN，可以为电池供电的无线设备提供局域、全国或全球的网络。LoRaWAN 提供的是物联网中的一些核心需求，如安全双向通信、移动通信和静态位置识别等服务。该技术无须本地复杂配置，就可以让智能设备间实现无缝对接互操作，给物联网领域的用户、开发者和企业自由操作权限。

在安全方面 LoRaWAN 使用了两层安全：一个是网络层安全；另一个是应用层安全。在网络层采用 AES 加密的 IEEE EUI64 密钥保障网络节点的可靠性；应用层同样采用 AES 加密的 IEEE EUI64 密钥保障终端到终端之间的安全；在设备终端方面，采用 AES 加密的 IEEE EUI128 密钥进行安全保护。

在性能方面，LoRa 技术融合了数字扩频、数字信号处理和前向纠错编码技术，大大地提高了整体的网络性能，单个网关或基站可以覆盖整个城市或数百平方千米范围。

3.1.2　NB-IoT 技术及其发展

NB-IoT 聚焦于低功耗广覆盖（LPWA）物联网（IOT）市场，是一种可在全球范围内广泛应用的新兴技术。其具有覆盖广、连接多、速率低、成本低、功耗低、架构优等特点。

NB-IoT 具备四大特点：一是广泛覆盖，将提供改进的室内覆盖，在同样的频段下，NB-IoT 比现有的网络增益 20dB，覆盖面积扩大 100 倍；二是具备支撑海量连接的能力，NB-IoT 一个扇区能够支持 10 万个连接，支持低延时敏感度、超低的设备成本、低设备功耗和优化的网络架构；三是更低功耗，NB-IoT 终端模块的待机时间可长达 10 年；四是更低的模块成本，单个接连模块成本更低。

目前蜂窝网络已经覆盖全球 90% 的人口范围，超过 50% 的地理位置，NB-IoT 基于现有的蜂窝网络构建，只消耗约 180 kHz，可以直接部署在 GSM 网络、UMTS 网络和 LTE 网络。NB-IoT 使用授权频谱，领先于 LoRa 等技术。

NB-IoT 具有四大优势：一是低功耗，NB-IoT 终端模块的待机时间可长达 10 年；二是低成本，模块预期价格不超过 5 美元；三是高覆盖，室内覆盖能力强，比现有的网络增益高出 20 dB，相当于提升了 100 倍覆盖区域能力；四是强连接，NB-IoT 一个扇区能够支持 10 万个连接，支持低延时敏感度、超低的设备成本、低设备功耗和优化的网络架构。全面超越其他技术，成为最适合长距离、低速率、低功耗、多终端物联网业务的通信技术。

但是 NB-IoT 仍存在四大挑战：一是产业尚不成熟，云（应用层）、管（传输层）、端（感知层）都处于发展中；二是规范没有建立，同时大规模应用尚待时日；三是其他相关 IoT 技术的竞争;四是 NB-IoT 的物联网环境所面临的安全问题。

3.2　物联网系统框架和安全

3.2.1　物联网系统框架

物联网系统架构有两种划分方法,一是将物联网系统分为感知层、传输层、应用层。其中感知层由各种具有感知能力的设备组成,主要用于感知和采集物理世界中发生的物理事件和数据。传输层也被称为网络层,解决的是感知层在一定范围内所获得的数据,通常是长距离的传输问题,主要完成接入和传输功能,是进行信息交换、传递的数据通路,包括接入网与传输网两种。应用层根据底层采集的数据,形成与业务需求相适应、实时更新的动态数据资源库,为各类业务提供统一的信息资源支撑,从而最终实现物联网各个行业领域应用。二是将物联网分为海量终端、通信网络和云端。其中海量终端用于感知和采集数据,海量终端感知和采集的数据通过通信网络传至云端,云端对海量终端采集的数据进行分析和处理。

两种分类架构,其表示的实质内容是一致的,无论基于蜂窝网络的 NB-IoT 物联网和传统的基于互联网连接的物联网如何发展和变化,都处于三个层次的体系架构之中,有相同之处,也有不同之处。

基于互联网连接的物联网系统分为四个部分,分别是手机 APP、海(海量终端)、网(互联网通信)、云(云端服务和应用)。其中手机 APP 是用于控制海量的终端,通过 APP 向云端发送指令进而控制物联网智能终端设备。而基于蜂窝网络的 NB-IoT 物联网主要有海(海量终端)、网(蜂窝网络通信)、云(云端服务和应用),其中最大的变化是没有了手机 APP 的参与,网络通信由互联网转向蜂窝网络。同之前手机生态系统上,基于互联网连接的物联网相比较,NB-IoT 精简了整体架构,简化了终端设备的应用和功能,为"万物互联"时代打下基础。

3.2.2　LPWAN 物联网的安全架构

相比较于基于互联网连接的物联网架构,NB-IoT 物联网的安全问题和基于互联网连接的安全问题不完全相同。

按照物联网 DCM 三个逻辑层次(感知层、传输层、应用层)划分,二者的安全问题相同的部分如图 3.1 所示。虽然从结果看出,二者的安全问题是类似的,但 NB-IoT 等低功耗物联网在具体安全问题的内容上又与基于互联网连接的物联网存在较大区别,主要包括 NB-IoT 的硬件设备、网络通信方式,以及设备相关的业务实际需求等方面。

例如,传统的物联网终端设备搭载的系统一般具有较强的运算能力,使用复杂的网络传输协议和较为严密的安全加固方案,功耗大,需要经常充电,如智能手机、智能电视等设备;而 NB-IoT 设备具有低功耗、长时间无须充电、低运算能力的特点,这也意味着同类的安全问题更容易对其造成威胁,简单的资源消耗就可能造成拒绝服务状态,并且 NB-IoT 等低功耗物联网终端设备在实际部署中,其数量远大于传统的物联网,任何微小的安全漏洞都可能引起更加巨大的安全事故,其嵌入式系统也更加轻量级和更加简单,对于研究人员来说,越容易掌握系统完整信息。

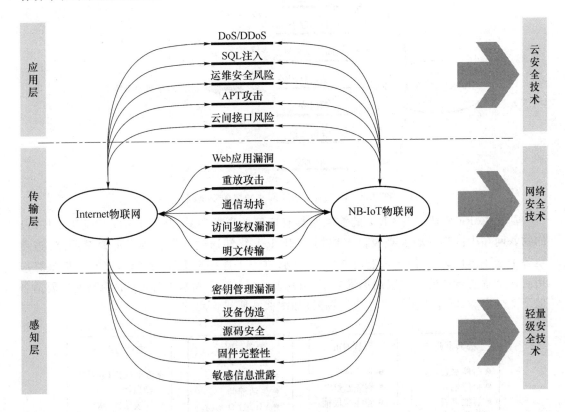

图 3.1 Internet 物联网和 NB-IoT 物联网的安全问题

3.3 物联网感知层安全

3.3.1 物联网感知层的安全问题

物联网的普及不断地改变着人们的生活方式,尤其是基于 LPWAN 的物联网将不断提高智慧城市的管理水平,通过智慧城市的建设,能够更好地善政、惠民和兴业,提高整个城市的管理水平。基于 NB-IoT 的物联网环境所面临的安全问题关系到实际的商业化应用推进,物联网的安全是一项巨大的系统工程,物联网感知层终端的安全、物联网系统内实体间的信任关系、物联网感知层智能终端接入的认证、物联网感知层设备和基站的通信安全、业务安全及整体安全体系的建立成为重要的研究热点。

在 LPWAN 物联网中,又以 NB-IoT 和 LoRa 为主要代表,其大规模商用将带来诸多安全隐患和安全问题,在物联网三层架构中,又以感知层的安全隐患和问题最为突出,包括固件安全、源码安全、加密算法等问题,要解决这些安全隐患和安全问题,需要"因地制宜"地在低功耗、低带宽、低运算能力的条件下完成,即轻量级安全技术的应用至关重要。图 3.2 展示了在 LPWAN 物联网感知层的安全问题。

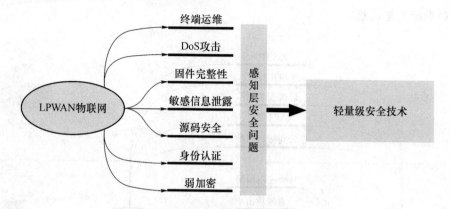

图 3.2　LPWAN 物联网感知层的安全问题

　　基于 LoRa 和基于 NB-IoT 的物联网具有广阔的市场前景,基于 LoRa 和基于 NB-IoT 的物联网在中国都开始大规模试点应用。NB-IoT 终端通过部署在现有的蜂窝网络,连接至各个 NB-IoT 基站,各基站连接电信核心网,进一步连接至 IoT 云平台,终端数据最终应用到各个垂直行业的具体应用场景之下,目前基于 NB-IoT 和基于 LoRa 的物联网主要适合以下 7 个大类 30 个以上的具体应用场景,如图 3.3 所示。

图 3.3　LPWAN 物联网适用场景

　　基于 LPWAN 物联网,感知层安全问题主要包括弱加密问题、身份认证问题、终端源码安全问题、明文存储/敏感信息泄露问题、终端固件完整性问题,以及由网络攻击、资源耗尽等原因造成的 DoS 风险、终端运维等问题,如图 3.4 所示。

　　基于 NB-IoT 物联网,感知层的终端设备安全加固分为终端固件安全、设备与基站通信安全以及业务安全三个方面,如图 3.5 所示。

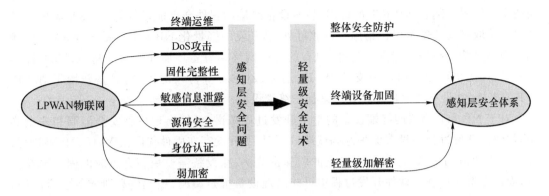

图 3.4　LPWAN 物联网感知层安全框架

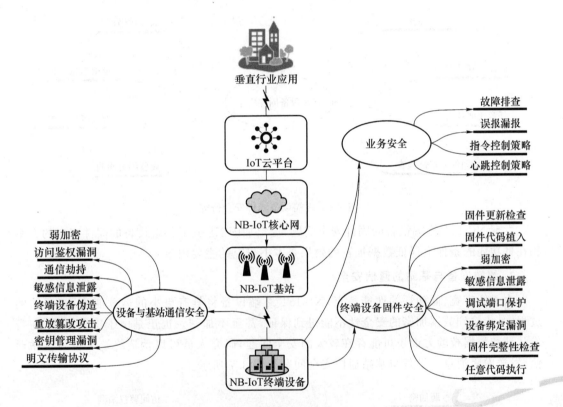

图 3.5　NB-IoT 物联网终端设备安全框架

3.3.2　终端设备安全加固

终端设备安全加固又细分为 3 个方面,即终端设备固件安全、终端设备与基站的通信安全以及业务安全。

1. 终端设备固件安全

终端设备安全研究主要集中在设备固件及应用程序上,目前绝大多数物联网终端设备的本地应用都存在信息泄露和滥用的风险,对于数据的处理、存储等过程未经加密,终端使用明文固件等。随着 NB-IoT 的使用,虽然设备终端的固件会更加轻量化,但还是需要对设备终端采取必要的安全保护措施。由此可见,新开发的轻量化 NB-IoT 终端模块,其协议栈的实现仍可能存在安全漏洞。另外,原有的物联网终端设备厂商在发布支持 NB-IoT 标准的新设备时,仍可能沿用之前支持 Wi-Fi、蓝牙、ZigBee 等协议的固件,只是新增了对 NB-IoT 的支持,并没有按照最小化原则来保护终端设备。

对于 NB-IoT 物联网终端设备的整个开发过程来讲,可能出现各种安全漏洞和安全隐患,如硬件开发过程中没有保护好调试端口;芯片级开发存在固件代码植入,任意代码执行;加密算法和散列函数,运用了不安全的弱加密算法;在设备需要更新升级时的固件更新检查,固件完整性检查。软件开发过程中可能出现设备绑定漏洞、敏感信息泄露等安全问题,如图 3.6 所示。

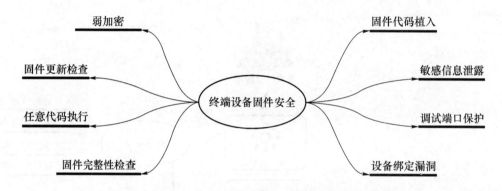

图 3.6 终端设备固件安全研究

发现 NB-IoT 终端设备的固件安全问题,提出加固 NB-IoT 终端设备的固件安全的方案和在低功耗的条件下保证数据加密的效果是本书研究的主要内容。

2. 终端设备与基站的通信安全

由于低带宽、低功耗的性能特点,NB-IoT 终端设备将具有更小的运算能力,在通信的过程中,传输到数据加密的安全性不能得到保证,甚至不加密。也正是由于这个原因,在身份认证和数据校验方面也可能存在较大的安全问题,研究人员可以伪造终端设备与基站通信、发送虚假消息。设备与基站通信安全问题如图 3.7 所示。

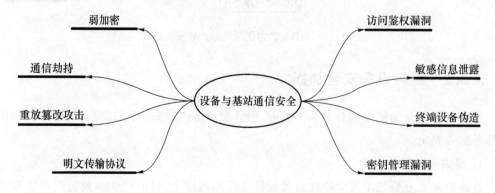

图 3.7 设备与基站通信安全研究

目前,NB-IoT 物联网终端设备向基站发送数据采用的传输层协议主要为不稳定、无连接的 UDP 协议,应用层协议为 HTTP、XMPP、MQTT、CoAP 等通用协议,网络数据通信劫持工具可在终端设备和基站之间进行会话监听,捕获终端设备发往基站的数据包,从而完成通信劫持。从劫持的通信报文中提取数据用于安全隐患分析检测。

当 NB-IoT 物联网终端设备向基站发送的数据采用 HTTPS 的方式传输时,为测试客户端是否对服务器证书进行了检验,可以采用中间人的方式尝试对 HTTPS 通信进行劫持。通过监听并劫持网络流量,替换服务器所发送的数字证书。通过观测客户端行为,如客户端主动断开连接或客户端继续进行通信,验证客户端对证书是否进行了检验。

当 NB-IoT 物联网终端设备向基站发送的数据采用私有协议方式传输时,使用通信劫持工具可在双方的会话中进行监听,捕获终端设备发往基站的数据包,从中获得通信的数据用于安全隐患分析检测。

监听终端设备联网的端口,可以得到设备与基站通信的数据包,通过关键词匹配或者模式识别的方法,可以掌握数据包的结构,对其中的安全隐患实行具体分析。

篡改攻击可以通过劫持终端设备发往基站的报文,提取报文中明文数据包,可以根据测试者的需求构造新数据包发往基站,并根据云端平台对于这些数据包的反馈不断调整输入的数据,从而不断对终端和基站交互的数据进行尝试。如果终端设备存在重放篡改攻击,就有可能通过构造重放篡改攻击数据包截获设备控制指令,然后对其进行篡改后再次发送,从而到达终端设备。

NB-IoT 终端设备与基站通信存在安全隐患,同时如何在更小运算能力和低带宽的条件下进行数据的安全传输也是 NB-IoT 存在的安全问题。

3. 业务安全

NB-IoT 技术可满足对低功耗、长待机、深覆盖、大容量有所要求的低速率业务,更适合静态业务、对时延低敏感、非连续移动、实时传输数据的业务场景。

NB-IoT 主要业务类型如下。

自主异常报告业务类型:如烟雾报警探测器、设备工作异常等,上行极小数据量(十字节量级),周期多以年、月为单位。

自主周期报告业务类型:如公共事业的远程抄表、环境监测等,上行较小数据量(百字节量级),周期多以天、小时为单位。

远程控制指令业务类型:如设备远程开启/关闭、设备触发发送上行报告,下行极小数据量(十字节量级),周期多以天、小时为单位。

软件远程更新业务类型:如软件补丁/更新,上行下行较大数据量需求(千字节量级),周期多以天、小时为单位。

上述业务类型,自主异常报告业务和周期报告业务中,误报和漏报是最大的安全问题;远程控制指令业务可能存在恶意指令的风险;远程软件更新业务需要确保更新的加密认证。在业务安全方面,需要制订合理的心跳控制策略,以确认终端设备的良好,设备故障时要有完善的故障排查机制,降低误报和漏报率;还需要制订合理的指令控制策略,以抵御一定程度上的恶意操控等。业务安全问题如图 3.8 所示。

图 3.8 业务安全研究

3.4 思 考 题

1. LoRa 和 NB-IoT 存在什么差别？主要的应用场景有哪些？
2. 国内在 LoRa 和 NB-IoT 两种协议方面有哪些典型应用场景？
3. 基于 LPWAN 物联网的智能终端有哪些特点？
4. 物联网的智能终端面临哪些安全威胁？

第4章

智能摄像头漏洞

从本章开始,将引入智能摄像头、智能路由器、RFID 智能卡、ZigBee 协议、蓝牙协议、智能插座等设备的安全实践案例,从而介绍物联网安全实践所需的各种工具和技术。

4.1 基本概念和工具

在所有的实践内容开始之前,需要介绍一些基本概念和工具的基础使用方法,重点介绍漏洞、POC 和 Python 编程语言。这些基本概念和工具将在后续的实践中应用。

4.1.1 漏洞

漏洞(Vulnerability)是指系统中存在的功能性或安全性的逻辑缺陷,包括威胁、损坏计算机系统安全性的所有因素,是计算机系统在硬件、软件、协议的具体实现或系统安全策略上存在的缺陷和不足。

由于种种原因,漏洞的存在不可避免,一旦某些较严重的漏洞被研究人员发现,就有可能被其利用,在未授权的情况下访问或破坏计算机系统,导致目标系统发生安全事故,损害业务系统的保密性、完整性和可用性。先于研究人员发现并及时修补漏洞可有效减少来自网络的威胁。

信息系统的多样化使得漏洞呈现纷繁复杂的状况,通过归纳可以发现常见的漏洞分析技术种类并不多,而且很多都具有共性。系统漏洞分析的方法多种多样,对于不同的信息系统采取的漏洞分析方法不同,而且各种不同的信息系统之间的漏洞界限并不清晰。如果从分析对象、漏洞的形态等方面对漏洞进行分类,可以分为软件漏洞和硬件漏洞。其中硬件漏洞主要是指硬件设计时存在的缺陷,软件漏洞可以划分为软件设计时存在的软件架构漏洞、软代码编码时源代码中存在的漏洞,对软件进行反编译以后得到的二进制代码的漏洞,系统在运行时存在的业务漏洞和运行时漏洞。

漏洞的攻击途径可以分为本地漏洞和远程漏洞。本地漏洞是指攻击人员以本地访问方式,通过执行代码的手段才能触发的漏洞,攻击人员能够利用这种类型的漏洞提高自身的访问权限,不受限制地访问该计算机系统。远程漏洞是指在物理上不接触主机的情况下,攻击人员使用恶意程序通过网络触发的系统漏洞,这种类型的漏洞可使得攻击人员越过物理和本地的限制,获取远程主机的访问权限。

漏洞通常是按照其所造成影响的严重程度而划分为不同的级别,漏洞分级有助于人们对数目众多的漏洞给予不同程度的关注,并采取不同级别的处理措施。漏洞一般被分为高危、中危和低危三个级别。高危级别的漏洞引起的危害性最大。

公共漏洞和暴露(Common Vulnerabilities & Exposures,CVE)就好像是一个漏洞字典表,为广泛认同的信息安全漏洞或者已经暴露出来的弱点给出一个公共的名称。使用一个共同的名字,可以帮助用户在各自独立的各种漏洞数据库中和漏洞评估工具中共享数据。对于一个漏洞报告中指明的一个漏洞,如果有 CVE 名称,安全管理员就可以快速地在任何其他 CVE 兼容的数据库中找到相应的修补信息,解决安全问题。

为了更好地进行国内信息安全漏洞的管理及控制工作,我国建立了具有中国特色的,能为国内广大用户服务的国家安全数据库,包括 CNNVD 和 CNVD。

中国国家信息安全漏洞库(China National Vulnerability Database of Information Se-curity,CNNVD)是中国信息安全测评中心为切实履行漏洞分析和风险评估职能,负责建设运维的国家信息安全漏洞数据管理平台,旨在为我国信息安全保障提供基础服务。CNNVD 通过自主挖掘、社会提交、协作共享、网络搜集以及技术检测等方式,联合政府部门、行业用户、安全厂商、高校和科研机构等社会力量,对涉及国内外主流应用软件、操作系统和网络设备等软硬件系统的信息安全漏洞开展采集收录、分析验证、预警通报和修复消控工作,建立了规范的漏洞研判处置流程、通畅的信息共享通报机制以及完善的技术协作体系,处置漏洞涉及国内外各大厂商上千家,涵盖政府、金融、交通、工控、卫生医疗等多个行业,为我国重要行业和关键基础设施安全保障工作提供了重要的技术支撑和数据支持,对提升全行业信息安全分析预警能力,提高我国网络和信息安全保障工作发挥了重要作用。

国家信息安全漏洞共享平台(China National Vulnerability Database,CNVD)是由 CNCERT/CC(国家计算机网络应急处理协调中心)联合国内重要信息系统单位、基础电信运营商、网络安全厂商、软件厂商和互联网企业建立的信息安全漏洞信息共享知识库。CNVD 致力于建立统一的信息安全漏洞收集、发布、验证、分析等应急处理体系,并成立了由国内几家主要信息安全服务单位组成的工作委员会和技术合作组。建立 CNVD 的主要目标即与国家政府部门、重要信息系统用户、运营商、主要安全厂商、软件厂商、科研机构、公共互联网用户等共同建立软件安全漏洞统一收集验证、预警发布及应急处置体系,以提升我国在安全漏洞方面的及时预防能力。

4.1.2 漏洞扫描

漏洞扫描是一种基于网络远程检测目标网络或本地主机安全性脆弱点的技术,是一种主动的防范措施,可以有效避免研究人员的攻击行为。

漏洞扫描可以采取自动化的扫描工具扫描和人工渗透扫描两种方法。自动化漏洞扫描工具可以针对某一种或者某一个信息系统进行扫描,从而发现系统中存在的漏洞,比如 AWVS 工具主要针对 Web 系统进行安全扫描,从而发现 Web 系统中存在的安全漏洞。

漏洞扫描进行工作时,首先,探测目标系统的存活主机,对存活主机进行端口扫描,确定系统开放的端口,同时根据协议指纹技术识别出主机的操作系统类型;然后,根据目标系统的操作系统平台提供网络服务,调用漏洞资料库中已知的各种漏洞进行逐一检测,通过对探测响应数据包的分析判断是否存在漏洞。

当前的漏洞扫描技术主要基于特征匹配原理,一些漏洞扫描器通过检测目标主机不同端口开放的服务,记录其应答,然后与漏洞库进行比较,如果满足匹配条件,则认为存在安全漏洞。所以在漏洞扫描中,漏洞库的定义精确与否直接影响最后的扫描结果。

本书所用的漏洞扫描工具主要对待检测的信息系统进行端口扫描,检测信息系统开放了哪些端口,这些常用端口对应着各种常用的服务。利用信息系统所开放的端口猜测信息系统开放了哪些服务,从而利用系统所开放的服务检测信息系统的安全隐患。

Nmap 全称 Network Mapper,最早是一款出现在 Linux 操作系统下的网络扫描工具,现在已经可以运行在所有主流的操作系统平台之上。Nmap 是一个免费的开源程序,可以用来用来实现网络探测和安全审计。

Nmap 的基本功能有:(1)检测目标主机是否在线;(2)扫描目标主机端口,检测目标提供的网络服务;(3)检测目标主机的操作系统。Nmap 功能强大,甚至支持用户定制扫描技巧,并且所有的扫描日志可以存储到本地,供进一步分析操作。

4.1.3　POC

概念验证(Proof of concept,POC)是漏洞发现者提供的一段可以重现漏洞的代码。网上公布的 POC 有很多形式,只要能触发漏洞、重现攻击过程即可。例如,它可能是一个能够引起程序崩溃的畸形文件,还可能是漏洞发现者编写的可实现一定功能的 Python 脚本。根据得到的 POC 不同,漏洞分析的难度也会有所不同。在得到 POC 之后,就需要部署漏洞分析实验环境,利用 POC 重现攻击过程,定位漏洞函数,分析漏洞产生的具体原因,根据 POC 和漏洞的情况实现漏洞的利用。

当研究人员发现某一种类型的漏洞或者对某一个信息系统进行渗透测试时,需要给出详细的 POC 和验证环境。漏洞复现人员需要利用详细的 POC 和验证环境对漏洞进行复现,并能证明某种类型的漏洞的确存在或者某一个信息系统的确存在此种类型的漏洞。

对于一个已经公开的漏洞,漏洞证明 POC 可以采取以下流程编写。

(1) 根据漏洞详情寻找受影响版本程序

如果漏洞为 CMS(内容管理系统)漏洞,可以去对应的官网下载历史版本程序,有些漏洞作者不会提具体版本号,就需要根据漏洞作者提交的时间判断。除了官方网站之外,还可以去 github 上寻找源码,这些官网都喜欢把历史版本的程序删除,可以使用 github 上的 tag、branch、release 功能查找程序所有版本。

(2) 搭建对应漏洞靶场虚拟机

漏洞靶场虚拟机是运行有漏洞程序的测试机器,一般用虚拟机来实现。学习 POC 程序时,推荐自己搭建靶场来测试,不要直接使用互联网上正在运行业务的机器测试 POC。

(3) 手动复现漏洞

根据漏洞详情,手动将整个流程走一遍,熟悉下复现条件,比如使用 GET 还是 POST 请求;需不需要登录;返回的页面会是什么样子的;根据参数提交不同,会不会出现其他结果;如果漏洞不存在的话,会出现什么样的结果等。熟悉了这些之后,后面编码实现就会容易很多。

(4) 撰写代码

手动复现了一次漏洞之后,分析漏洞证明步骤,根据自己的实际测试情况一步一步写代码。写代码其实就是用程序模拟人工操作的每一个步骤。

(5) 测试 POC

在写 POC 的时候,除了在存在漏洞的靶机上测试代码,还要在不存在漏洞的站点测试,一般来说,一个优秀的 POC 在后期测试的时候要求对 10 000 个目标测试,误报不能超过 10 个。

4.1.4　Python 编程语言

Python 是一种解释型、面向对象的、带有动态语义的高级程序设计语言,通常应用于独立编程和各种各样的脚本制作。

Python 作为解释型语言与编译型语言的不同之处在于,Python 语言写的程序从源文件转换到计算机语言的过程不需要编译成二进制代码,可以直接从源代码运行程序,而编译型语言写的程序则需要通过编译器和不同的标记、选项完成。在计算机内部,Python 解释器把源代码转换成字节码的中间形式,然后再把它翻译成计算机使用的机器语言并运行。

Python 语言的解释性使其语法更接近人类的表达和思维过程,开发程序的效率极高。Python 使用类(class)和对象(object)进行面向对象的编程,其程序是由数据和功能组合而成的对象构建起来的,从而提高程序的重复使用性。同时,其高级内置数据结构,结合动态类型和动态绑定,使其更适用于敏捷软件开发。

Python 基础使用方法介绍如下。

1. 运行 Python

本书使用的是 Python2.7.x 环境,从"Hello Python"实例开始,对通过 Python 控制台打印"Hello Python"进行演示,如图 4.1 所示。

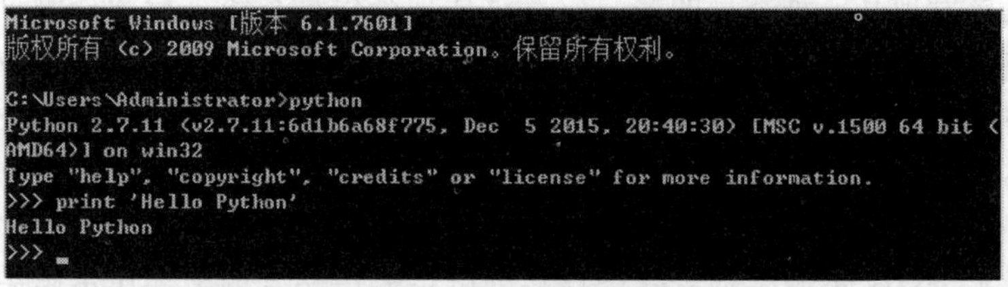

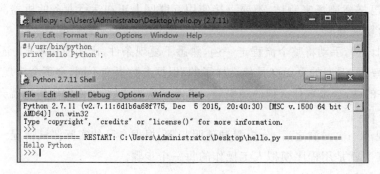

图 4.1　Python 版本号

上面介绍的是在 Python 控制台中进行 Python 编程体验。但是,使用 Python 控制台会给脚本的执行带来很大的不便,如果要多次执行代码,使用控制台是很麻烦的。可以新建一个后缀名为 .py 的文本,使用 Edit with IDLE 进行编辑,输入代码 print 'Hello Python' 并保存,按 F5 键即可运行此程序,如图 4.2 所示。

图 4.2　Python 编程环境

同时,也可以在程序目录下打开 cmd,输入 python hello.py 执行此程序,如图 4.3 所示。

```
C:\Users\Administrator\Desktop>python hello.py
Hello Python
```

图 4.3 Python 入门程序

2. Python 网络编程

Python 编程语言能快速入门,网络安全研究者需要掌握 Python 语言,从而能快速地使用 Python 语言编写各种自动化检测工具、编写各种 POC 的验证脚本。因为 Python 提供了丰富的网络编程接口,不仅包含底层 Socket 套接字编程,还有高级的 HTW 请求封装,以及 FTP. Telnet 等,所以,使用 Python 可以快速开发远程漏洞利用测试程序。目前 Python 语言是网络安全渗透测试人员最常用的一种编程语言。

(1) Socket 编程

下面通过一个简单的实例介绍如何使用 Socket 在 Windows 中编写网络应用。

源码:Socket 服务器端 server. py

```python
#
# server
#
import socket
sock = socket.socket(socket.AF_INET, socket.SOCK_STREAM)
sock.bind(('127.0.0.1', 1234))
sock.listen(5)

while 1:
    cs, address = sock.accept()
    print'Got connected from : ', address
    cs.send('Hello, I am server! Welcome!')
    data=cs.recv(1024)
    print 'Recv from Client : ', data
    cs.close
```

源码:Socket 客户端 client. py

```python
#
# client connect to server
#
import socket
addr = ('127.0.0.1', 1234)
sock = socket.socket(socket.AF_INET, socket.SOCK_STREAM)
sock.connect(addr)
sock.send("Hello server, I am client!")
data = sock.recv(1024)
print'Recv from Server : ', data
sock.close()
```

运行:在本机测试(Windows 环境下,可将 IP 地址改为本机 IP,端口号在 1 024 以上,Windows 将 1 024 以下的默认为保留),先运行 Python 服务器程序,后运行 Python 客户端程序,运行结果如图 4.4 所示。

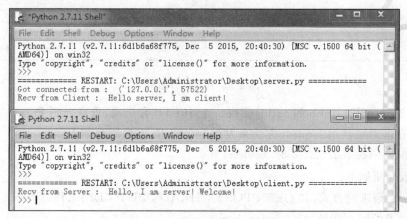

图 4.4 Python 服务器和客户端程序

（2）HTTP 客户端

Python 提供了多个可以进行 HTTP 访问的库，如 urllib、urllib2、httplib 及 httplib2。下面通过使用这些库来介绍如何获取 Web 资源。

源码：使用 urllib 和 urllib2 的客户端

```
#
# python urlclient.py
#
import urllib, urllib2
import sys
url = r'http://'+sys.argv[1]
header = {'User-Agent':'Mozilla/5.0 (Windows NT 6.1) AppleWebKit/537.11 (KHTML, like Gecko) Chrome/23.0.1271.64 Safari/537.11',
    'Accept':'text/plain'
    }
req = urllib2.Request(url, headers=header)
try:
    response = urllib2.urlopen(req)
    data = response.read()
except urllib2.HTTPError as e:
    print 'heep error code: ', e.code
    exit(0)
if data is not None:
    print data
```

在客户端程序目录下打开 cmd，访问 www.baidu.com，将返回数据保存到 a.html 中，如图 4.5 所示。

```
C:\Users\Administrator\Desktop>python urlclient.py www.baidu.com > a.html
```

图 4.5　url 客户端 Python 运行结果

用浏览器代开返回的数据 a.html，如图 4.6 所示，已经使用脚本获取了百度首页的代码。

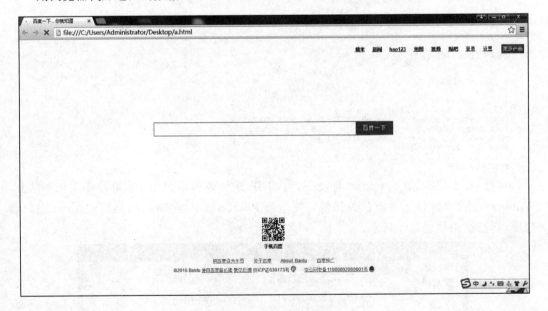

图 4.6　程序运行结果

下面，通过使用 httplib 和 urllib 实现一个 HTTP 客户端，重点介绍 POST 方法。HTTPConnection 对象使用 request 方法来发送一个请求，方法原型如下：

conn.request(method, url, body, headers)

其参数介绍如下：

method：请求的方式，如'GET'、'POST'、'HEAD'、'PUT'、'DELETE'等。

url：请求的网页路径，如：'/index.html'。

body：请求是否带数据，该参数是一个字典。

headers：请求是否带头信息，该参数是一个字典，不过键的名字是指定的 http 头关键字。

源码：使用 urllib 和 httplib 的客户端

```
#
# python: httpclient.py
#
import httplib
import urllib

def sendhttp():
    data = urllib.urlencode({'@number': 29025, '@type': 'issue', '@action': 'show'})
    headers = {"Content-type": "application/x-www-form-urlencoded",
               "Accept": "text/plain"}
    conn = httplib.HTTPConnection('bugs.python.org')
    conn.request('POST', '/', data, headers)
    httpres = conn.getresponse()
    print httpres.status
    print httpres.reason
    print httpres.read()

if __name__ == '__main__':
    sendhttp()
```

运行以上代码，相当于访问 http://bugs.python.org，访问的 POST 数据是'@number'：29025，'@type'：'issue', '@action'：'show'，如图 4.7 所示。

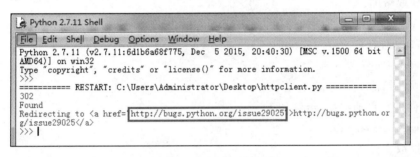

图 4.7　代码运行结果

浏览器中输入上图中的网址 http://bugs.python.org/，即为所要查询的 ID 为 29025 的漏洞信息，如图 4.8 所示。

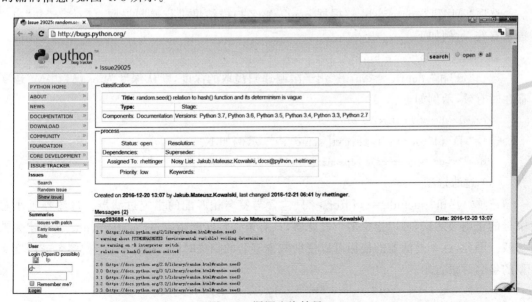

图 4.8　漏洞查询结果

4.1.5 Binwalk 工具

Binwalk 是一个固件的分析工具，旨在协助研究人员对固件进行分析，从固件镜像文件中提取数据及进行逆向工程。

Binwalk 简单易用，由 Python 编写，脚本完全自动化，并可以通过自定义签名提取规则和插件模块轻松实现扩展。目前，Binwalk 仅支持在 Linux 系统上运行，Binwalk 可以提取固件，提取固件后可以对固件进行安全分析。

当网络安全分析人员需要对某种硬件设备或者某种物联网系统进行安全分析时候，一种方法是找到这款智能硬件产品，如果找不到这款硬件产品，可以通过找到这款智能硬件产品的固件，对固件进行分析。

Binwalk 工具可以非常方便地对固件进行分析，找到固件中存在的各种安全隐患或者找到固件的缺陷，从而攻破智能硬件系统。

Binwalk 的基础用法介绍如下：

（1）获取帮助

获取 Binwalk 帮助信息的选项为“-h”和“help”，示例如下。

```
$ bhwalk -h
$ binwalk --help
```

（2）固件扫描

对固件进行自动扫描，示例如下。

```
$ binwalk firmware.bin
```

（3）提取文件

选项“-e”和“-extract”按照定义的配置文件中的提取方法从固件中提取探测到的文件及系统，示例如下。

```
$ binwalk -e firmware.bin
```

选项“-M”和“-matryoshka”根据 magic 签名扫描结果进行递归提取，仅对“-e”和“-dd”选项有效，示例如下。

```
$ binwalk -Me firmware.bin
```

选项“-d”和“-depth=<int>”用于限制递归提取的深度，默认深度为 8，仅当“-M”选项存在时有效，示例如下。

```
$ binwalk -Me -d 5 firmware.bin
```

选项“-D”和“-dd=<type:ext[:cmd]>”，示例如下。

```
$ binwalk -dd 'zip archive zip:unzip % e' firmware.bin
```

（4）过滤选项

选项“-y”和“-include=<filter>”只包含与签名相匹配的指定过滤器。过滤器是小写字母的正则表达式，可以指定多个过滤器，只有第一行匹配指定过滤器的 magic 签名才会被加载。因此，这个过滤器的使用可以帮助减少签名的扫描时间，在搜索特定的签名或特定类型的签名时很有用。

```
$ binwalk -y filesystem firmware.bin # only search for filesystem signatures
```

选项"-x"和"-exclude＝＜filter＞"与选项"-y"的作用相反,第一行用于匹配指定过滤器的 magic 签名不会被加载,其他意义相同。该选项主要用于排除不必要或无趣的结果,示例如下。

```
$ binwalk -x 'mach-o' '^hp' firmware. bin # exclude HP calculator and OSX mach-o signatures
```

(5) 显示完整的扫描结果

选项"-I"和"-invalid"用于显示所有的扫描结果,包括扫描过程中被定义为"invalid"的项,示例如下。

```
$ binwalk -I firmware. bin
```

当 Binwalk 把有效文件当成无效文件时使用,会产生很多无用信息。

(6) 文件比较

选项"-W"和"--hexdump"对给定的文件进行字节比较,可以指定多个文件,这些文件的比较结果会按 hcxdump 方式显示,绿色表示在所有文件中这些字节都是相同的,红色表示在所有文件中这些字节都是不同的,蓝色表示这些字节仅在某些文件中是不同的。该选项可以与"--lock""--length""--offset""--terse"选项一起使用,示例如下。

```
$ binwalk -W firmwarel. bin firmware2. bin firmware2. bin
```

```
$ binwalk -W -block = 8-length = 64 firmwarel. bin firmware2. bin
```

(7) 日志记录

选项"-f"和"-log＜file＞"用于将扫描结果保存到一个指定的文件中,示例如下。

```
$ binwalk -f binwalk. log -q firmware. bin
```

```
$ binwalk -f binwalk. log --csv firmware. bin
```

如果不与"-q"和"--quit"选项合用,会同时在 stdout 和文件中输出。保存 CSV 格式的 log 文件时使用"--csv"选项。

(8) 指令系统分析

选项"-A"和"--opcodcs"用于扫描指定文件中通用 CPU 架构的可执行代码,示例如下。

```
$ binwalk -A firmware. bin
```

由于某些操作码签名比较短,因此比较容易造成误判。如果需要确定一个可执行文件的 CPU 架构,可以使用该命令。

(9) 熵分析

选项"-E"和"--entropy"用于对输入文件执行熵分析,打印原始数据并生成熵图,与"--signature""--raw"及"--opcodes"选项合用,对分析更有利,示例如下。

```
$ binwalk -E firmware. bin
```

对签名扫描无效的文件,使用熵分析识别一些有趣的数据块也是很有用的。

(10) 启发式

选项"-H"和"--heuristic"用于对输入文件进行启发式分析,判断得到的熵值分类数据块是压缩的还是加密的,可以与"--entropy"选项一起使用,对未知的高熵数据分类比较有用,示例如下。

```
$ blnwalk -H firmware. bin
```

4.2　智能摄像头安全漏洞

4.2.1　智能摄像头的基本概念和用途

智能摄像头也称物联网摄像头,或者基于 IP 网络的摄像头,是一种结合传统摄像头与网络技术产生的新一代摄像头。它能够配置 IP 地址,将影像通过网络传至世界的另一端,且远端的浏览者不需用任何专业软件,只需要标准的网络浏览器(IE)或者 APP 即可远程监视其影像,从而可以直接对远程的摄像头进行控制。

近年来,随着物联网技术的发展,家庭网络环境不断改善,用户消费能力也在不断提高,高端专用领域日趋民用化,视频监控系统已经进入千家万户。家庭网络视频聊天、公司视频会议、网吧高清视频聊天等都在使用视频监控摄像头。其高度的开放性、集成性、灵活性为视频监控系统和设备的整体性能提升创造了必要的条件,同时也为整个安防产业的发展提供了更加广阔的发展空间。

4.2.2　智能摄像头安全现状

近年来,由于智能摄像头安全漏洞引发的安全问题频频出现。

2015 年初通过 ZoomEye 就境内互联网上可探测到的某厂商监控系统进行存活性探测后发现,其数以万计的监控设备中,仅 80 端口存在默认弱口令的设备就多达 66.74%,此外还有不少 81 端口、telnet 端口存在弱口令的设备暴露在互联网上,这些安全问题极易导致被恶意研究人员尤其是境外团体所攻击、掌控。

2016 年 10 月 21 日 11:10 UTC(北京时间 19:10 左右),一场大规模的互联网瘫痪席卷了美国,恶意软件 Mirai 控制的僵尸网络对美国域名服务器管理服务供应商 Dyn 发起 DDOS 攻击,从而导致许多网站在美国东海岸地区宕机。造成此次 DDOS 攻击事件的罪魁祸首是大量的物联网设备。Mirai 软件能够感染各类存在漏洞的物联网设备,通过恶意感染,这些物联网设备将成为僵尸网络中的肉鸡,并被用于实施大规模 DDoS 攻击。

这些被控制的摄像头有国内外生产的各种摄像头设备,包括一些知名常见的设备,其安全威胁影响广泛,涉及家庭安全、个人隐私、政治军事秘密、经济损失,甚至是国家级的工业安全等方方面面。

目前智能摄像头的安全现状有两点:一是安全问题普遍存在,安全漏洞多,涉及设备多,厂商重视力度不够,系统设备安全性先天不足;二是用户安全意识薄弱,弱口令和统一密码普遍存在,安全漏洞几乎不修复,安全防护不健全,缺乏相应的技术手段和成熟的商业工具。

4.3　弱口令漏洞研究与实践

4.3.1　弱口令的基本概念

弱口令(Weak password)没有严格和准确的定义,通常认为容易被猜测或者容易被工具短时间内破解的口令均为弱口令,例如"1234567""88888888"等。长期以来,弱口令一直作为各种安全检查、风险评估报告中最常见的高风险安全问题存在,成为研究人员控制系统的主要途径,许多安全防护体系是基于密码的,口令被破解在某种意义上来讲意味着其安全体系的全面崩溃。

弱口令漏洞有以下三大特点。

(1) 危害大。弱口令漏洞是目前最为高危的安全漏洞,当系统的管理员口令是弱口令时,研究人员利用管理员用户和弱口令进入系统从而控制整个系统,从而完全控制系统。

(2) 易利用。弱口令也是最容易被利用的安全漏洞之一,任何一个研究人员只需要利用简单的 IE 浏览器或者借助简单的工具技能对此种类型的漏洞进行利用。

(3) 修补难。如系统的弱口令没有固化在固件中,是可以修改的,此种类型的弱口令修补成本非常低,管理人员可以随时修改管理员的弱口令。因为用户的安全意识比较差,没有及时修改弱口令,从而导致弱口令被研究人员利用。但如果管理员的弱口令被固化在固件中,弱口令的修补成本就比较高,而且很多已经售出的产品修改弱口令的成本更高。

攻击弱口令的方法有两种,一是利用网上公开的已知的弱口令直接进入系统;二是利用猜测的方法猜测弱口令,利用穷举法强力爆破是较多的弱口令检查工具采用的方法,如 Cain and Abel 或者其他破解工具。为了避免计算量过大和破译时间太长,破解工具通常会使用口令字典,只对字典里的口令进行尝试。

互联网经常有各种网络摄像头的弱口令被公开,如:

(1) 海康威视 IP 网络摄像机。超级用户:admin,超级用户密码:12345。

(2) 大华网络摄像机。用户名:admin,密码:admin。

(3) 天地伟业网络摄像机。用户名:Admin,密码:111111。

1993 年 8 月在一台思维机器公司(Thinking Machines Corporation)的并行计算机上运行了口令攻击程序,这台计算机的每个向量单元每秒可执行 1 560 次加密。拥有 128 个处理节点的机器,每个处理节点拥有 4 个向量单元(基本配置),每秒可计算 800 000 次加密;拥有 1 024 个节点的机器则每秒可计算 640 万次加密。即使以这样惊人的猜测率,研究人员要用暴力破解的方法穷举所有可能字符的组合,也是不大现实的。所以,研究人员在进行攻击时,会基于"一些用户选择简单易猜的口令"这一习惯进行攻击。

当系统允许用户设置自己的口令时,有些用户会选择容易被猜测的口令,如他们的名字、他们住的街道的名字、口令字典中常见的单词等,这让口令攻击变得简单。并且,因为很多用户使用易被猜测的口令,因而这种攻击方法几乎对所有系统都有效。2009 年,一名昵称为 Tonu 的黑客通过伪造页面对登录人员进行了记录,在 734 000 人中有 30 000 人使用自己的名字作为密码,约 14 500 人使用他们的姓氏作为密码。其中,最常使用的 5 种密码如表 4.1 所示。

表 4.1 常使用的密码

密码	性别	用户数
123456	男	17 601
Password	男	4 545
12345	男	3 480
1234	男	2 911
123	男	2 492

CnSeu 社会工程学联盟论坛统计的"中国特色"弱口令,为 2012 年 12 月—2013 年 11 月在 CnSeu 论坛收集的几十亿泄漏密码中的 6 亿明文密码进行整理入库统计所得,像 "5201314""woaini1314"等具有"中国特色"的弱口令密码纷纷上榜。中国排名前 80 的弱口令如图 4.9 所示。

"中国特色"弱口令——Top 80

1	123456	21	147258369	41	qwerty	61	asdasd
2	123456789	22	zxcvbnm	42	11111111	62	741852963
3	111111	23	888888	43	789456123	63	loveyou
4	123123	24	7758521	44	121212	64	asdfgh
5	000000	25	123	45	s123456789	65	123456789a
6	12345678	26	112233	46	abc123	66	555555
7	1234567890	27	aaaaaa	47	100200	67	1qaz2wsx
8	5201314	28	123456a	48	1111111111	68	1314521
9	1234567	29	123654	49	123qwe	69	521521
10	123321	30	987654321	50	qq123456	70	12345678910
11	a123456	31	qwertyuiop	51	123456789	71	123456789
12	11111111	32	woaini	52	7758258	72	qqqqqq
13	12341234	33	password	53	110110	73	woaini1314
14	666666	34	00000000	54	159357	74	1111
15	33333333	35	88888888	55	222222	75	111222
16	1234	36	asdfghjkl	56	789456	76	qwe123
17	1314520	37	520520	57	qazwsx	77	456123
18	watrsvawle123	38	12345	58	123456789	78	aaaaaaaa
19	123123123	39	147258	59	159753	79	111111111
20	654321	40	5211314	60	999999	80	asd123

图 4.9 中国特色弱口令

4.3.2 摄像头弱口令漏洞

网络上经常曝光各种摄像头弱口令安全漏洞,提及许多智能安防设备均存在安全问题,本书仅以大华智能摄像头为例,这款摄像头存在弱口令的漏洞,可以由默认弱口令进入系统。尤其是前一段时间物联网僵尸网络就是研究人员利用摄像头等智能设备的弱口令攻击利用智能设备,从而控制智能设备,控制智能摄像头设备成为僵尸网络从而发送 DDOS 攻击。

在浏览器中输入摄像头的 IP,这里以 192.168.0.12 为例,访问摄像头的控制界面,输入默认用户名 admin 及密码 admin 登录,如图 4.10 所示。

在 Web 页面登录成功后,查看摄像头用户管理信息,如图 4.11 所示。

用户名、密码信息如表 4.2 所示。

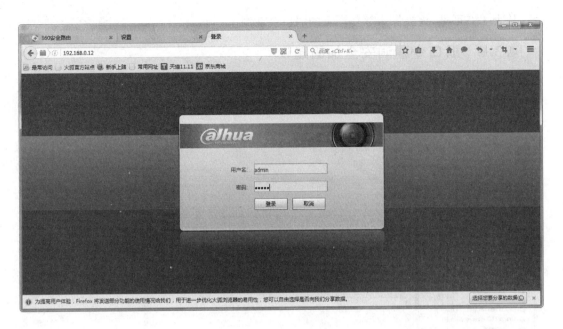

图 4.10　弱口令摄像头

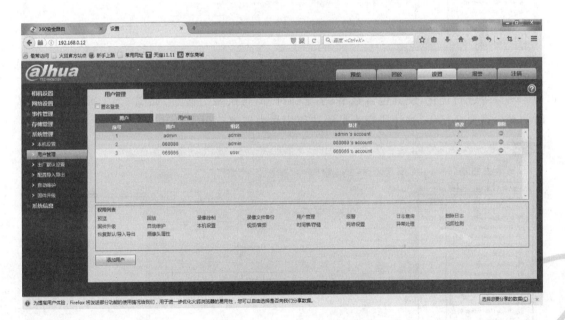

图 4.11　摄像头管理控制页面

表 4.2　用户名、密码信息

用户组	用户	密码
admin	admin	admin
admin	888888	888888
user	666666	666666

从表 4.2 可见,该摄像头存在严重的弱口令漏洞。

4.3.3 弱口令漏洞安全加固建议

研究人员通过使用密码破解工具,破解这些弱口令并非难事。如图 4.12 所示,作者使用 Cain and Abel 工具对仅含数字的弱口令进行暴力破解,可以注意到破解剩余时间为 5 天。

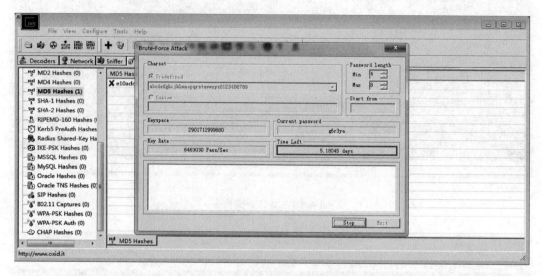

图 4.12 强力爆破弱口令所需时间

对口令进行优化,使其包含数字、字母和符号,再次暴力破解,如图 4.13 所示。其破解时间至少需要 7 亿年,这让研究人员无法使用暴力破解获得密码。

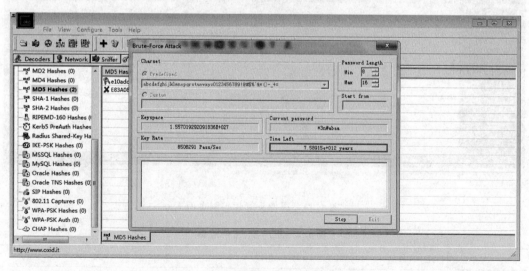

图 4.13 强力爆破复杂口令所需时间

通过以上的例子可以得出,防止弱口令漏洞有效的方法就是强迫用户选择难以猜测的口令,优化口令选择策略。

许多用户选用的口令过短或易被猜测。在另一个极端情况下,若给用户分配 8 个随机的可打印字符作为口令,几乎不能被解密。但是,多数用户难以记住这样的口令。但即便将口令限定在容易记忆的范围,这个口令范围对研究人员来说仍然很大。故而,应当让用户选择容易记忆而又不容易被猜测的口令。口令优化可以采用以下四种方法。

1. 口令选择

让用户知道使用不易猜测口令的重要性,给他们提供选择强口令的指导。这种用户教育方法无法在大多数系统上成功,特别是在存在大量用户或人员流动量大的情况下。许多用户会无视口令选择指导,还有些人不能判断什么是强口令。比如,许多用户相信,将单词顺序颠倒,或大写最后一个字母,会使此口令成为不易猜测的口令。计算机生成口令的方法同样存在问题,若口令太随机了,用户不容易记住。就算口令是由一些音节组成,可以发音,用户可能仍然记不住,所以应写下来。

2. 口令生成

这种方案一直很难被用户接受。FIPS PUB 181 中定义了一个设计得很好的口令自动生成器。该算法可生成可发音的音节,再将它们连接成一个单词,它用一个随机数生成器来产生用来构成音节和单词的随机字符流。

3. 口令自检查

此方法是系统周期性地运行它自己的口令攻击程序以查找易猜口令。系统取消任何猜中的口令,并告知用户,但这个策略有许多缺点。首先,此程序正常运行可能需要很多资源。因为专业的入侵者窃得口令文件后,可以几小时甚至数天的时间以及全部的资源来运行攻击程序,有效的口令自检查程序与之相比就明显无优势了。而且,在口令自检查器发现脆弱口令之前,现存的脆弱口令会一直存在于系统之中,也就存在着被攻击的风险。

4. 口令预检查

这是增强口令安全性最可行的方法。在这个机制中,可以允许用户选择他自己的口令,但在口令被选择后,系统会检查该口令是否可以接受,若不可以,则拒绝该口令。这种检查器使得用户在系统的充分指导下,从一个相当大的口令库中选择易记的口令而不会被字典攻击猜中。

口令预检查器是在用户可接收性和口令强度之间的一个权衡策略。若系统拒绝太多口令,用户会抱怨选择口令太难了。若系统使用一个简单的算法定义可接受的口令,则为研究人员改进其猜测技术提供了指导。下面将介绍一些可行的预口令检查方法。

第一种方法是使用实施强制规则的简单口令设置机制。例如,需要实施如下规则:(1)所有口令长度不小于 8 位;(2)8 位口令中,至少有一个大写、一个小写、相邻字符不能重复。这些规则应该随建议一起提供给用户,虽然其相对于用户教育方法而言,略显高级,但它仍不能完全阻止口令攻击。这个机制也提醒研究人员哪些口令不要去试,但仍不能避免对口令的攻击。

第二种方法是简单地编辑一个"坏口令大字典"。当用户选择口令时,系统检查口令是否在该字典中,但此方法有以下两个问题。

(1)空间:这个字典若有效则必须非常大。例如,在 Purdue 研究"SPAF92a"中使用的字典占用了超过 30 MB 的空间。

（2）时间：查询这个大字典的时间很长。除此之外，坏口令可能有多种排列，为了检查出所有的坏口令，每个查询都必须耗费相当大的处理时间。

4.4 认证绕过漏洞研究与实践

4.4.1 认证绕过的基本概念

认证绕过是指研究人员绕过权限认证，对敏感内容或功能进行非授权访问。非授权访问指，未经授权使用网络资源或以未授权的方式使用网络资源，主要包括非法用户进入网络或系统进行违法操作和合法用户以未授权的方式进行操作。研究人员通过利用认证系统的漏洞，可以不用授权就进入后台页面操作，通常认证绕过的目的是为了提升权限或直接访问服务的数据。

4.4.2 用户认证绕过实例

市场上许多智能安防设备均存在安全问题，本书仅以 D-Link 智能摄像头为例，这款摄像头存在任意代码执行的漏洞，可以由普通用户提权为管理员权限。

在浏览器地址栏中输摄像头的 IP，这里以 192.168.0.3 为例，访问摄像头的控制界面，可以看见需要登录才能访问，如图 4.14 所示。

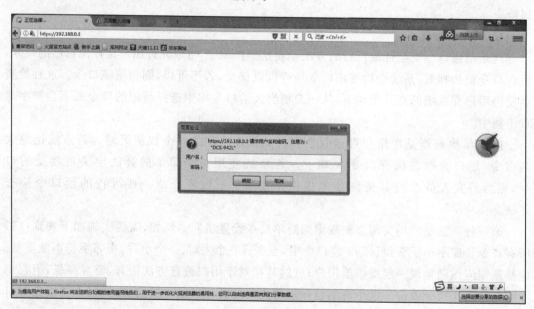

图 4.14 认证绕过

这里使用摄像头的普通用户登录，用户名 ff，密码 123，进入摄像头的管理页面。可以观看摄像头的画面，却无法设置摄像头的参数，如图 4.15 和图 4.16 所示。

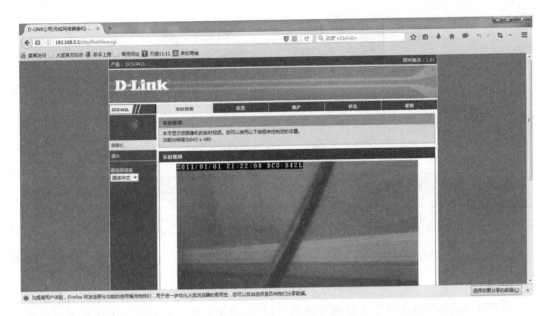

图 4.15　摄像头被控制

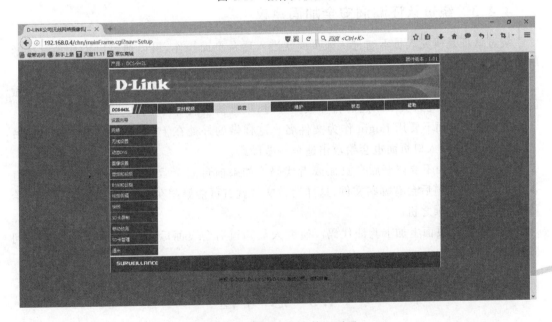

图 4.16　摄像头后台管理页面

访问 http://192.168.0.3/users/verify.cgi? ls；pwd；页面，可以看到摄像头的 verify.cgi 模块存在任意代码执行漏洞，在 URL 中插入恶意代码，结果会直接返回到页面上，如图 4.17 所示。

通过构造 URL，可以在未授权的情况下获取摄像头管理员用户的用户名和密码，访问网址：192.168.0.3/users/verify.cgi? echo％20_AdminUser_ss％20丨％20tdb％20get％20HTTPAccount；echo％20AdminPasswd_ss％20丨％20tdb％20get％20HTTPAccount；，返回页面如图 4.18 所示。

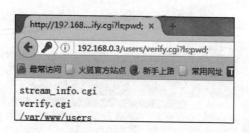

图 4.17　页面漏洞

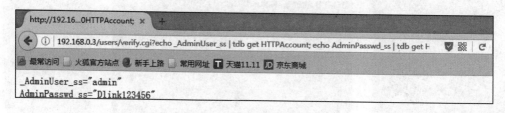

图 4.18　构造 URL 访问摄像头

由图 4.18 可以得到摄像头管理员的用户口令,登录后可以对摄像头的配置进行修改。

4.4.3　绕过认证漏洞安全加固建议

绕过认证是研究人员不通过认证页面就进入后台页面操作,可以通过以下几个方法来解决认证绕过的问题。

(1) 后台文件夹不要用 admin、manage 等容易比较猜到的英文作为文件夹名。这样做的好处在于,当研究人员不知道后台存放路径时,很难猜获取后台文件。

(2) 登录页面不要用 Login 作为文件名。这样做的好处在于,即使研究人员知道后台文件夹,但是找到入口页面也会给攻击造成一些障碍。

(3) 前台页面不要嵌套后台页面或者代码。如果前台嵌套后台页面,那么研究人员直接用工具就能知道后台有哪些文件,这样后台文件就有可能暴露在研究人员面前,可能会给研究人员留下可乘之机。

(4) 在每个页面上加上验证代码。研究人员知道后台页面后,直接在地址中写上访问路径,也不能进入。

4.5　思　考　题

1. 摄像头的弱口令漏洞会给摄像头带来什么安全威胁?

2. 摄像头常见的认证绕过漏洞的主要原因是什么?如何加固?

3. 物联网智能终端中摄像头的漏洞会导致什么后果?

4. 调研物联网智能摄像头漏洞造成的危害。

第 5 章

ZigBee 协议安全分析

5.1　协议简介和实验环境搭建

ZigBee 无线通信协议是由 ZigBee 联盟确立的技术标准,具有短距离、低功耗、低传输速率、低成本的特点,是一种介于无线射频标签技术和蓝牙技术之间的无线传感网络技术。ZigBee 一词来自于蜜蜂之间用于传递信息的之字形舞蹈"ZigZag","Bee"的意思是蜜蜂,表明 ZigBee 网络具有体积小、低能量消耗的特点。

5.1.1　ZigBee 协议简介

ZigBee 协议的形成和发展与两个组织有关,分别是 IEEE 802.15 工作组和 ZigBee 联盟。IEEE 802.15 工作组负责制定了 IEEE 802.15.4 标准,ZigBee 联盟制定了 ZigBee 规范。ZigBee 联盟在 2001 年 8 月成立,在 2002 年下半年,美国摩托罗拉等公司共同宣布建立"ZigBee 联盟",致力于研究和开发下一代无线通信技术。在 2003 年,IEEE 802.15 工作组公布了 IEEE 802.15.4 标准,主要面向低速无线个人局域网,该标准定义了物理层和介质访问控制子层的通信标准。

ZigBee 联盟在 2004 年正式发布了 ZigBee 1.0 规范,称为 ZigBee 1.0 或 ZigBee 2004。在 2006 年 12 月,ZigBee 联盟发布了第二个协议栈规范,称为 ZigBee 2006 规范,而且 ZigBee 2006 规范实现了完全向后兼容。ZigBee 联盟在 2007 年 10 月发布了 ZigBee 2007 规范,在这份规范中定义了 ZigBee 功能指令集和 ZigBee Pro 功能指令集。ZigBee 2007 规范中包含有两个协议栈模板,设计简单的 ZigBee 协议栈模板和提供更高安全性能的 ZigBee Pro 协议栈模板。

ZigBee 技术可以说完全是由 ZigBee 联盟开发推广而来的。首先,ZigBee 联盟选取了 IEEE 802.15.4 标准用作 ZigBee 协议规范的物理层和介质访问控制子层的标准,所以 ZigBee 规范也通常被视为 IEEE 802.15.4 标准的代名词。ZigBee 联盟在此基础上确立了高层规范标准,包括网络层和应用层用于新的应用需求开发。此外,ZigBee 联盟额外设置了多种安全相关的规范标准,来保证协议的通信安全和应用安全。

ZigBee 技术的通信距离一般在几十米以内,速率一般为几十到几百比特率,因此区别于许多负责提供高效传输的无线网络协议,ZigBee 协议只能适用于低速率传输场景下的应用,例如控制家庭照明系统和周围环境信息采集系统等,这些系统对通信数据传输速率的要求不高而且传输的数据量较小,这样 ZigBee 协议标准就可以很好地提供满足要求的服务。传统的无线网络协议很少考虑能量消耗的问题,通常由电源直接供电。而 ZigBee 节点可以使用电池供电,通常一节普通电池就可以提供给节点几个月至两年的工作寿命,这对于常年处在复杂环境下且难以更换电池的设备来讲是具有很大诱惑力的。相比于蓝牙技术,ZigBee 的覆盖范围更广,采用多跳自组网技术可以将上万个节点彼此连接起来,在低数据速率传输应用中有较大优势。

频段指的是设备在工作时可以使用的频率段,信道是指在某个频段内用于传输信息的通道。ZigBee 的物理层可以工作在 868 MHz、915 MHz 和 2.4 GHz 三个频段上,三个频段分别有 1 个、10 个、16 个信道,最高传输速率分别是 20 kbit/s、40 kbit/s 和 250 kbit/s,868 MHz 和 915 MHz 频段分别是欧洲和美国专属频段,2.4 GHz 频段在全球范围内可以免费使用。因此,在国内使用 ZigBee 协议进行网络通信时使用的是具有 16 个信道的 2.4 GHz 频段。

在硬件层面,ZigBee 网络由支持 IEEE 802.15.4 标准的芯片来支持建立。随着 IEEE 802.15.4 标准的公布和 ZigBee 联盟 ZigBee 规范的发布,许多硬件厂商分别推出了支持该标准的片上系统解决方案。这些芯片大都支持 IEEE 802.15.4 标准规定的物理层和介质访问控制子层功能。本章选用 TI 公司的 CC2530 芯片作为 ZigBee 的网络节点。CC2530 除支持该标准外,还支持 ZigBee 标准、ZigBee RF4CE 标准的无线传感器网络协议。CC2530 集成了增强型标准的 8051 微处理器内核和 RF 收发器,具有 8 kB 的 RAM、256 kB 的闪存,以及其他的标准支持功能,如硬件 CSMA/CA 和数字化 RSSI/LQI。CC2530 还有多个外设接口,包括 2 个 USART、21 个通用 GPIO 和 12 位 ADC 等。

在软件层面,和传统的网络协议类似,ZigBee 也需要相关协议栈来进行应用开发。许多大公司依据 ZigBee 规范和 IEEE 802.15.4 标准开发了自己的协议栈,许多组织也实现了免费的开源 ZigBee 协议栈。本章选用的是 TI 公司开发的 Z-Stack 协议栈,是一种半开源的协议栈,可以实现应用项目的各种功能。Z-Stack 协议栈是依据 ZigBee 规范建立的,采用分层的结构,实现了物理层、介质访问控制子层、网络层、应用支持子层、ZigBee 设备管理对象等各层功能。在进行开发工作时,开发人员只需在应用层编写相关代码来实现项目的功能。

在 ZigBee 网络中,有两种功能类型设备:全功能设备、精简功能设备。全功能设备有较多的存储资源,并且支持 IEEE 802.15.4 标准定义的所有功能;而精简功能设备只支持标准中的部分功能,存储器的容量小,一般用来传输少量数据。ZigBee 网络含三种类型的节点,即协调器 ZC(ZigBee Coordinator)、路由器 ZR(ZigBeeRouter)和终端设备 ZE(ZigBee EndDeviee),其中协调器和路由器均为全功能设备,而终端设备选用精简功能设备。

按照 OSI 标准模型,ZigBee 网络分为四层,从下到上分别是物理层、介质访问控制子层、网络层和应用层。ZigBee 支持星型、树型、网状型三种网络拓扑结构,在组建网络时根据需要选择不同的网络拓扑结构。其中,网状网络在复杂环境下有重要的意义。由于复杂环境下,网络中的各个节点之间的通信不能确保通畅,采用网状拓扑建网可以较好地解决单个节点故障带来的通信影响。

ZigBee 网络是一种自组织网络,ZigBee 网络的组建主要包括两步:网络的初始化、网络节点的加入。其中,网络节点的加入可分为通过成为协调器加入网络和作为终端节点加入已有网络。ZigBee 网络的形成,首先,要由全功能设备成为协调器,建立一个 ZigBee 网络,通过预先烧写程序,全功能设备都可以作为网络协调器。一般来说,如果一台全功能设备经过被动扫描后，在网络中没有发现有其他的协调器存在，全功能设备就确定成为协调器；然后，协调器开始物理信道扫描，会在 16 个信道中选取一个较好的信道作为工作信道；最后，协调器为本网络确定一个唯一的 PAN 标志符，用于区分不同的 ZigBee 网络。一旦网络建立，协调器就会等待路由器和终端设备加入到网络中。

路由器和终端设备的入网过程，首先，需要在设备中烧入程序，设备上电后，会重复发送信标请求，要求加入 ZigBee 网络。协调器如果发现设备发出的信标，就会发出一个超帧结构响应请求设备，请求设备如果成功接收，则表明协调器允许设备和协调器进行关联；然后，请求设备发送要求加入网络的关联请求命令，如果协调器收到命令，在资源充足时，会给请求设备分配一个 16 位的短地址，允许设备加入网络。这样，请求设备就加入了协调器所在网络。设备加入网络会有两种情况：设备第一次入网或设备重新入网。如果设备首次入网，则按照之前所述方法加入网络；如果设备是重新入网，就会启动孤立扫描程序加入网络。孤立扫描程序会发送加入请求到 ZigBee 网络中的其他设备上，由于 ZigBee 设备会在自己的邻居表中存储网络中的其他节点信息，所以当它收到开启孤立扫描程序的设备发出的入网请求时，会邻居表中查找该设备。如果是其子设备，就会告诉其网络位置，使其加入网络。

在设备入网后，ZigBee 网络会为每台设备分配网络地址，而且要求地址唯一，来保证设备间发送数据时不会发生冲突。不同的 ZigBee 规范通常有不同的地址分配方案，在 ZigBee 2006 和 ZigBee 2007 规范中采用了分布式地址分配方案，即通过父设备和子设备间通信使子设备获得网络地址。ZigBee 2007/Pro 采用随机地址分配方案，新加入的设备会被随机分配一个网络地址。

ZigBee 网络主要有三种类型的地址：扩展地址、短地址和终端地址。扩展地址也称 MAC 地址，一共有 64 位，由设备商固化在硬件中，因而任何 ZigBee 设备的扩展地址唯一，此地址可以在设备间直接用来通信。短地址又叫网络地址，在本网络中使用并标识设备节点，短地址一共有 16 位，因此一个 ZigBee 网络理论上可以容纳 $2^{16}=65\ 536$ 个节点。设备间可以通过短地址进行通信，不同的 ZigBee 网络可能网络短地址相同。终端地址类似于计算机中的端口号。ZigBee 节点上一般包含许多子设备，如 LED 灯、开关、传感器等，这些子设备也被称为用户定义的应用对象；而 ZigBee 协议将其定义为终端，ZigBee 协议需要给这些终端分配特殊的标号来相互区别。终端标号的范围是 0～255，其中，端点号 0 分配给 ZigBee 设备对象使用，来进行设备管理；端点号 1～240 分配给用户开发的应用对象；端点号 255 是广播地址；端点号 241～255 保留为以后使用。

ZigBee 技术在低速率、低功耗无线通信市场有很大的发展潜力，相比于其他无线通信技术如蓝牙、红外、Wi-Fi 等，ZigBee 所具有的优势有以下四点：

（1）可以包含较大数量的网络节点，有较大范围的覆盖面积，十分适合野外环境的监测和控制；

（2）节点的成本低，可以节省预算；

（3）耗能低，使用普通电池进行供电，可以预先设计长时间的工作周期；

（4）ZigBee 网络具有较高的自组织、自恢复能力，网络的可靠性高。

ZigBee 主要应用于低速率传输场景，就市场产业而言，目前的主要用于无线检测和控制。其主要应用领域为：工业检测、农业生产、医疗、交通管理、家庭自动化控制、环境监测等。具体的 ZigBee 技术普及应用：无线水、电、气抄表系统，无线农田灌溉监测系统，无线路灯控制系统,无线环境温度监测系统。

5.1.2 ZigBee 实验平台搭建

作为目前市场上广泛使用且十分流行的开发平台,ZigBee 开发平台具有巨大的发展潜力、很全面的开发组件和强大的功能。开发平台可以选择在 Windows 7 系统下搭建,需要安装嵌入式 IAR Embedded Workbench、SmartRF Flash Programmer、USB 转串口驱动、Packet Sniffer。

嵌入式 IAR Embedded Workbench IDE 提供了一个框架,可以嵌入许多可用工具,包括:高度优化的 IAR AVR C/C++编辑器、通用 IAR XLINK Linker、IAR XAR 库编辑器和 IAR XLIB Librarian 等。嵌入式 IAR Embedded Workbench 适用于大量 8 位、16 位以及 32 位的微控制器和微处理器中,它可以为用户提供一个容易使用而且具有最大量代码继承能力的开发环境,可以支持大多数硬件设备,可以提高工作效率,节省工作时间。在 IAR Embedded Workbench 中编写程序,调试编译没有问题后会生成 hex 类型文件,用于烧入设备中。

SmartRF Flash Programmer 是由 TI 公司推出的一款 Flash 下载工具,通常在嵌入式开发中用于固件的下载,该软件用来检测连接到的设备并下载编译好的 hex 文件。如果开发板为了方便程序开发集成了 USB 转串口,则需要安装转串口驱动才能使用。

SmartRF Packet Sniffer 是 TI 公司提供的一个软件,用于在 ZigBee 网络中进行抓包实验,对抓到的数据包进行分析,获取有用的数据包信息。通过学习和使用这个工具,可以很好地了解和掌握 ZigBee 网络中设备通信数据包结构。数据包嗅探器可以监测和保存网络中捕获的数据包,然后可以对捕获的数据包进行解码和分析。

ZigBee 开发平台搭建可以分为以下四个流程。

(1) IAR Embedded Workbench 的安装:IAR Embedded Workbench 的版本较多,由于本章所需的软件功能不多,所以没有安装最新版本,选择了 V8.1 版。首先,下载该版本的 IAR Embedded Workbench;然后,将压缩包解压缩,双击 exe 文件直接进行安装。

(2) SmartRF Flash Programmer 的安装:首先,需要在 TI 官网下载最新版本的 SmartRF Flash Programmer,该软件需要识别连接在电脑上的设备,对版本要求较高;然后,解压缩安装包,程序需要以管理员权限安装,而且需要关闭电脑上的所有防火墙及其他安全相关软件,否则会安装失败。安装成功后,双击桌面上的软件图标,打开软件。用 10Pin 排线将仿真器和开发板连接,再将 USB 一头插电脑,另一头插在仿真器上,如果 SmartRF Flash Programmer 安装成功,则会显示出检测到的设备。

(3) USB 转串口驱动的安装:下载 USB 转串口驱动,直接安装即可。

(4) Packet Sniffer 的安装:在 TI 官网下载 Packet Sniffer 最新版本,解压后按提示安装即可。

5.2 实验平台的使用简介

5.2.1 实验平台搭建

本教材选用了 CC2530 芯片作为实验设备,CC2530 芯片的 I/O 控制口对照表如表 5.1所示。

表 5.1 CC2530 芯片的 I/O 控制口对照表

P12/P13	CC2530I/O 口	P12/P13	CC2530I/O 口
UART CTS/L	P0.4	DEBUG DD	P2.1
BUTTON1/LED4	P0.1	DEBUG DC	P2.2
UART RX/L	P0.2	CSN/LED3	P1.4
UART TX/L	P0.3	SCLK	P1.5
L MODE	P0.0	MOSI	P1.6
LED2/IR OUT	P1.1	MISO	P1.7
KEY_LEVEL	P0.6	LCD CS/BUTTON	P1.2
LEOO/L BLA	P0.7	KEY MOVE/LED1	P2.0
FLASH CS	P1.3	UART RTS/L	P0.5
LED1/IR IN	P1.0		

由 I/O 对照表可以看出,CC2530 芯片的 I/O 控制口总共有 21 个,总共 3 组,分别是 P0、P1 和 P2。还可以从表 5.1 中看出,该芯片上有四个小灯。其中,LED1 所对应的 I/O 口为 P1.0,LED2 所对应的 I/O 口为 P1.1,LED3 所对应的 I/O 口为 P1.4,LED4 所对应的 I/O 为 P0.1。

CC2530 芯片的相关的控制寄存器有两种,分别是方向寄存器和功能选择寄存器。接口控制分别如表 5.2 及表 5.3 所示。

(1) P1DIR(P1 方向寄存器,P0DIR 同理)

表 5.2 CC2530 芯片的方向寄存器

D7	D6	D5	D4	D3	D2	D1	D0
P1.7 0:输入 1:输出	P1.6 0:输入 1:输出	P1.5 0:输入 1:输出	P1.4 0:输入 1:输出	P1.3 0:输入 1:输出	P1.2 0:输入 1:输出	P1.1 0:输入 1:输出	P1.0 0:输入 1:输出

(2) P1SEL(P1 功能选择寄存器,P0SEL 同理)

表 5.3 CC2530 芯片的功能选择寄存器

D7	D6	D5	D4	D3	D2	D1	D0
P1.7 0:普通 I/O 1:外设功能	P1.6 0:普通 I/O 1:外设功能	P1.5 0:普通 I/O 1:外设功能	P1.4 0:普通 I/O 1:外设功能	P1.3 0:普通 I/O 1:外设功能	P1.2 0:普通 I/O 1:外设功能	P1.1 0:普通 I/O 1:外设功能	P1.0 0:普通 I/O 1:外设功能

CC2530 芯片中的寄存器设置指将寄存器的某一位设为 0 或 1,有两种设置方法:按位与和按位或操作。当方向寄存器 P1DIR 的初始值为 10110000,要将第六位设置为 1,即操

作后的寄存器值变为10110100,此时可以选择使用或操作:P1DIR |=0X04。"|="操作是指按位或运算,0X04是一个十六进制数,根据方向寄存器的表格可以知道,该运算将P1.2的方向由输入改为输出,而其他的输出输入口的方向都不变。方向寄存器P1DIR的值变为10110111。当需要将控制寄存器的某一位置0时,通常采用的是按位与操作。假设方向寄存器P1DIR的初始值为10010100,要将第六位设置为0,即操作后的寄存器值变为10010000,此时可以选择使用与操作:P1DIR &=~0X04。"&="操作是指按位与运算,0X04仍然是指十六进制数。"~"运算符表示取反运算,即~0X04为11111011。根据方向寄存器的表格可以知道,该操作会将P1.2的方向由输出改为输入,而其他的输出输入口的方向都不变。因此,方向寄存器P1DIR的值最后变为10110111。

ZigBee开发平台搭建包含以下几个步骤。

1. 新建工程

打开IAR集成开发环境,选择 Project|Create New Project 菜单命令弹出 Create New Project 对话框。在 Tool chain 栏中选择"8051",在 Project templates 栏中选择"Empty project",单击 OK 按钮,如图5.1所示。然后根据需要选择工程保存的位置以及更改工程名称,确定工程名之后,单击保存,新建工程成功。

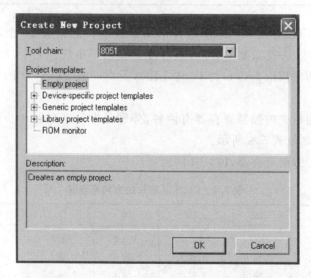

图5.1 新建工程

2. 添加或新建程序文件

在已经建立好一个新工程的基础上,就可以向该工程添加程序文件。如果有保存好的程序文件,可以选择 Project|Add Files 菜单命令来添加现有的程序文件。如果用户没有现成的程序文件,则可以单击工具栏上新建按钮或者选择 File|New File 菜单命令来新建一个空的文本文件,然后可以在该文本文件里面直接添加代码。

添加完代码后窗口如图5.2所示。选择 File|Save 菜单命令,打开保存对话框,新建一个 source 文件夹,然后将新建文件名改为"LEDLab. c",单击保存。

右击工程名"LEDLab",选择 Add|Add File… 菜单命令,将刚保存的 LEDLab. c 文件添加到工程中,添加完后 IAR 编译环境如图5.3所示。

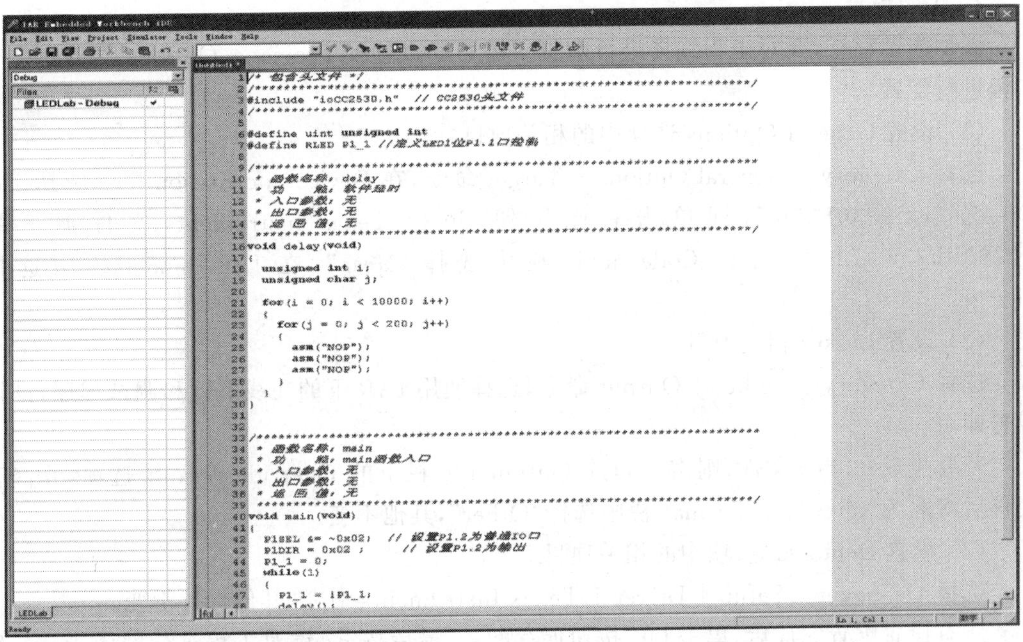

图 5.2　添加代码

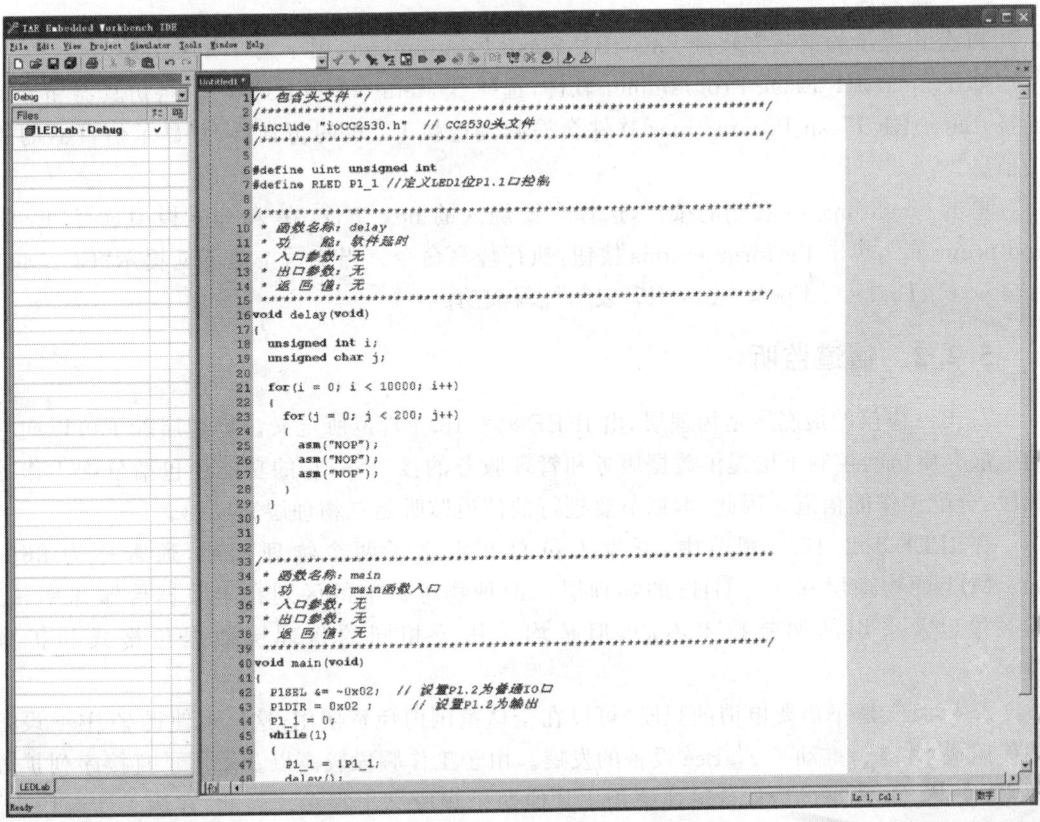

图 5.3　在工程中添加代码文件

3. 工程配置

添加完工程后,要对工程编译进行配置。需要通过选择 Project｜Options 菜单命令对工程进行配置。

(1) 设置 General Options 选项中的相关项目

选择 Category｜General Options｜Target 命令,在 Device information 栏中选择 Device 为"CC2530F256",即单击右端按钮,选择 Texas Instruments 文件夹下的 CC2530F256.i51 文件,在 Code mode 栏中选择"Near",在 Data model 栏中选择"Large"。

(2) 设置 Linker 相关项目

选择 Category｜Linker｜Output 命令,选择使用 IAR 下的在线下载和调试程序,默认设置即可。

若要生成 *.hex 文件,则需要勾选 Output file 栏下的 Override default 选项,并修改文件后缀名为".hex",在 Format 栏中选择"Other",其他不变。

(3) 设置 Debugger 选项中的相关项目

选择 Debugger｜Setup｜Driver｜Texas Instruments 命令,其他保持不变。

所有设置配置完成后,单击 OK 按钮保存配置,最后按 F7 键对工程进行编译 make,生成的 hex 文件位于工程中 Debug\Exe 文件夹下。

4. 下载程序

TI 公司提供的第三方软件 SmartRF Flash Programmer,用于编译 hex 文件。

打开 SmartRF Flash Programmer 软件,选择 System-on-Chip 选项卡,将仿真器和节点连接,SmartRF Flash Programmer 软件会检测到连接 PC 机的仿真器,并显示仿真器的相关信息。

单击 Flash images 右端的按钮,选择需要烧入的 hex 文件,在 Action 栏中选择"Erase and program",单击 Perform actions 按钮,执行烧写命令。当烧写按钮下面提示"CC2530 - ID＊＊＊＊: Erase and program OK",表示烧写成功。

5.2.2 信道监听

ZigBee 协议的最底层是物理层,由 IEEE 802.15.4 规范所定义。物理层除了可以向它的上层介质访问控制子层提供数据服务和管理服务的接口外,它的功能还包括分配工作的频段、分配工作的信道。因此,本章节要进行的信道监听是在物理层完成的。

在 IEEE 802.15.4 规范中,开发人员总共定义了两个物理标准,通常称为 868/915 MHz的物理层和 2.4 GHz 的物理层。两种物理标准的区别在于数据传输速率、工作频段以及采用的调制技术不同,但是均采用了相同的物理层数据包格式和扩频技术。

2.4 GHz 是不需要申请的频段,可以在全球范围内免费使用,这样也使得 ZigBee 设备的使用成本降低,推动了 ZigBee 设备的发展。由于工作频段较高以及采用了直接序列扩频技术,使得该频段下的数据传输速率相比其他两个频段高出很多。因此,在该工作频段下,在相同网络下设备之间的通信时延和通信周期都最短。另外,该频段下一共提供了 16 个工作信道,数据速率为 250 kbit/s,通信网络可以选择在其中任意某个通信质量较高的信道下工作。868/915 MHz 的物理层属于专属物理层,其中,868 MHz 是属于欧洲的专属频段,915 MHz 是属于美国的专属频段。在这两个工作频段下,由于工作频率相对较低,使得在该频段下通信网络中设备的通信距离更远,而数据速率较低。868 MHz 工作频段支持一个通信信道,数据速率为 20 kbit/s。915 MHz 工作频段支持十个通信信道,数据速率为40 kbit/s。

如上所述,规范的物理层在三个频段上一共规定了 27 个信道,信道的编号依次为 0～26。本章中选用了 CC2530 芯片,物理层的中心频率是 2.4 GHz,分配有 16 个信道,对应的信道编号是 11～26。

物理信道的选择是当协调器准备建立新的网络时,由介质访问控制子层进行扫描操作,扫描所有的信道,然后为本网络选择一个空闲的信道。这个扫描在底层,是由物理层具体实现的。当一个信道已经被别的网络占用时,信道反映出的能量的数值是不一样的,因此可以通过比较信道的能量大小来确定信道是否被占用,因此在物理层的这种操作被称为物理能量信道检测。IEEE 802.15.4 标准定义了两个与之相关的原语——能量检测请求原语和能量检测确认原语。其中,能量检测请求原语是由介质访问控制子层发出,语法如下:

```
PLME - ED. request()
```

根据语法可以看出,能量检测请求原语不需要其他参数。当设备收到该原语之后,如果设备处于使能状态,则设备的物理层管理部分就会指示物理层进行能量扫描操作。能量检测确认原语是由物理层产生的,当物理层收到能量检测请求原语并进行能量检测之后,就会把当前的信道信息返回给介质访问控制子层。能量检测确认原语的格式如下:

```
PLME - ED. confirm(status, Engery Level)
```

ZigBee 网络的介质访问控制子层也是由 IEEE 802.15.4 标准定义的,采用的是 CSMA/CA 机制访问信道。物理层提供的空闲信道评估检测功能可以检测当前的信道是否空闲,与之相关的原语为空闲信道评估请求原语和空闲信道评估确认原语。和能量检测相关原语类似,空闲信道评估请求原语是由介质访问控制子层发出,语法如下:

```
PLME - CCA. request()
```

介质访问控制子层通过该原语向物理层发出命令,要求返回当前的信道状态。根据语法可以看出,空闲信道评估请求原语也不需要多余参数。当设备收到该原语之后,需要判断射频收发器的状态,如果射频收发器处于接收状态,则设备的物理层管理部分就会指示物理层进行空闲信道评估操作。空闲信道评估确认原语是由物理层产生的,空闲信道评估确认原语的格式如下:

```
PLME - CCA. confirm(status)
```

当物理层收到空闲信道评估请求原语并进行空闲信道评估操作之后,就会把当前的信道信息通过空闲信道评估确认原语返回给介质访问控制子层,告知介质访问控制子层当前信道处于信道空闲或是信道繁忙状态。如果物理层收到空闲信道评估请求原语时,射频收发器的状态不是接收状态,则物理层发出的空闲信道评估确认原语中的状态信息会告知介质访问控制子层收发器的状态,而不是信道状态。

5.2.3 目标通信网搭建

在前面章节提到,ZigBee 网络中有三种类型的设备:协调器、路由器和终端设备,其中协调器和路由器均为全功能设备,终端设备是部分功能设备。当一台全功能设备通电之后,会在本网络进行被动扫描,检测网络中是否存在协调器。如果没有其他协调器设备,则该全功能设备会选择作为该网络的协调器;如果网络中已经存在其他协调器设备,那么该全功能设备会选择加入网络,作为一个终端设备或是路由器。在网络中有了协调器之后,协调器会一直等待路由器和终端设备请求加入网络。路由器和终端设备的入网过程需要先将设备通电,使其重复发送信标请求,要求加入已有的 ZigBee 网络。协调器如果收到设备发出的信标之后,就会响应请求设备。请求设备如果成功接收,请求设备发送要求加入网络的关联请求命令,在资源充足时,协调器会给请求设备分配一个短地址,允许设备加入网络。这样,请求设备就加入了协调器所在网络。

本章节中为了模拟实际的 ZigBee 网络,需要搭建一个比较完整的目标网络。由于实验器材有限,本章搭建的目标网络将主要包括两个节点,即一个协调器和一个终端节点。

目标网络的搭建首先需要下载相关的实验代码,包括协调器设置代码和终端设备的设置代码。通过仿真器链接目标网络协调器 C1,打开已经安装好的 Flash Programmer 软件,烧录下载好的设置协调器的 Coordinate. hex 文件。然后通过仿真器链接目标网络路由节点 R1,打开 Flash Programmer 软件,烧录 Router. hex 文件。

首先,将协调器 C1 通电,等待协调器建立目标网络;然后,将路由节点 R1 通电,等待路由器加入目标网络。通过串口线链接 PC 机和协调器 C1,在上位机中选择相应的串口并单击开始按钮,这时可以看到目标网络的通信拓扑以及相应的传感数据的采集信息,这样目标网络就建立完成,如图 5.4 所示。

图 5.4　搭建成功的目标网络

5.3　ZigBee 目标网络的探测

5.3.1　目标网络的探测原理

　　网络探测是探测目标网络的工作环境和工作状况,从而得知目标网络中点与点之间的通信关系、节点数量、节点类型等网络参数。网络探测是网络攻击的基础,在各种攻击之前,都要先对目标网络进行探测,获得目标网络的基本参数。比如物理层的阻塞干扰,首先要探测到目标网络的工作信道后才能进行相应的攻击,不然盲目地进行攻击,不仅不能达到干扰的目的,反而对攻击方不利。

　　这部分是针对搭建好的目标网络的探测实验,主要讲述了对目标网络的网络拓扑结构进行探测,获得目标网络的拓扑结构、节点之间的通信关系和节点的基本信息。CC2530 芯片拥有帧过滤和源地址匹配功能,该功能使用 RF 内核 RAM 的一个 128 字节块来存储本地地址信息、源地址匹配配置和结果。这些数据存储在地址范围为 $0x6100 \sim 0x617F$,详细帧过滤和源匹配存储器映射算法说明可以查看由 TI 公司给出的 CC2530 芯片的数据手册。

　　探测节点需要能够接收网络中所有的数据包并筛选出有价值的数据包进行解析。CC2530 芯片在接收网络中的数据包时,默认情况下是对数据包进行帧过滤,拒绝目标不明确的帧,该功能由以下两点进行控制:RAM 中的 LOCAL_PAN_ID、LOCAL_SHORT_AD-DR 和 LOCAL_EXT_ADDR 值以及 FRMFILT0 和 FRMFILT1 寄存器。所以,作为网络探测节点,需要禁用 CC2530 的帧过滤功能,这样才能接收目标网络中所有的通信数据包并自行筛选出有价值的数据包。在 RF 初始化时加入禁用设置,设置如下:

　　FRMFILT0 = 0X0C

　　在数据包的筛选过程中,只需要保留目标网络通信的数据帧,且目的地址为 0x0000 的数据帧,对于 ACK、信标针、广播帧等都丢弃。在监听到的数据包中,提取出目的地址 desaddr、源地址 srcaddr,网络源地址 NWK_Srcaddr 和网络目的地址 NWK_Desaddr。分析时只要判断 desaddr 是否等于 0x0000,若等于 0x0000,则说明该数据包是由网络中的子节点发给协调器的,那么 NWK_Desaddr 是 NWK_Srcaddr 的子节点,只要监听到网络中所有节点发给协调器的数据包,即可知道网络中的父子通信关系。搭建好的攻击节点如图 5.5 所示。

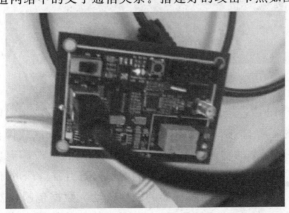

图 5.5　攻击节点

5.3.2　网络探测工具 Sniffer

在之前章节中所讲述的网络探测方法单独需要一个探测节点，然后在探测节点中烧入程序，再对设备通电，进行监测。通过实际监测结果来看，程序并不稳定，通常在新建一个目标网络之后，并不能扫描出目标网络的信道。所以选用检测结果更稳定的数据包嗅探器（Packet Sniffer）进行监测。

数据包嗅探器可以用于在 ZigBee 网络中进行抓包实验，SmartRF Packet Sniffer 软件是 TI 公司提供的一个软件，用于在 ZigBee 网络中进行抓包实验，对抓到的数据包进行分析，获取有用的数据包信息。通过学习和使用这个工具，可以很好地了解和掌握 ZigBee 网络中设备通信数据包结构。

SmartRF Packet Sniffer 软件的使用首先需要有一个可以正常工作的数据包嗅探器和 PC 连接。数据包嗅探器和 CC2530 芯片一样，是由美国 TI 公司开发的在 ZigBee 网络中用来抓包的开发工具，而由于生产厂商的开发目的不同，因而市场上的相关产品也是各种各样。本章选用了一款主要用于抓取基于 ZigBee 2007 协议栈数据包的嗅探器，而且其工作效果较稳定。数据包嗅探器中通常已经由生产厂商烧入了捕获数据包的程序，接口一般默认使用 USB 接口。所以将买来的嗅探器通过 USB 接口直接接到 PC 后，嗅探器就会自动运行进行抓包过程。SmartRF Packet Sniffer 软件一般会在运行后自动检测连接在 PC 上的嗅探器固件，并将嗅探器捕获的数据包进行解析，这样通过软件就可以查看网络中数据包类型及内容。通过了解在 ZigBee 无线网络中通信节点之间的通信数据包内容，就可以分析网络类型和结构等信息。本章所使用的数据包嗅探器如图 5.6 所示。

图 5.6　数据包嗅探器

当数据包嗅探器和 PC 连接之后，嗅探器上的指示灯会被点亮，说明嗅探器已经被启动并开始正常运行，此时需要打开 SmartRF Packet Sniffer 软件，该软件会自动与硬件嗅探器建立连接。由于硬件嗅探器的功能简单，因此有许多不同的生产厂商生产了功能基本相同但有一定区别的设备，所以需要下载最新版本的 SmartRF Packet Sniffer 软件。如果 PC 不能识别数据包嗅探器，可以手动更新嗅探器的硬件驱动。数据包嗅探器和 SmartRF Packet Sniffer 软件建立连接后，在 SmartRF Packet Sniffer 软件的界面上会显示出所有嗅探器抓取到的数据包,也可以在软件中进行设置,抓取具有某种确定特征的数据包。在进行设置后,数据包嗅探器会对数据包进行过滤,然后解码数据包。抓取到的数据包最终会以特定的数据格式保存起来,通过软件界面显示出详细信息。

5.3.3　分析目标网络的建立过程

　　SmartRF Packet Sniffer 软件的显示界面由三部分组成,软件界面最上方的菜单栏主要进行一些文件操作,如打开某个数据包文件等。菜单栏下方最右侧的框内可以选择网络中使用的协议栈类型,目标网络中使用的协议栈类型是 ZigBee 2007 Pro,所以选择 ZigBee 2007/Pro 项。软件界面的中部显示数据包嗅探器抓取到的数据包,从这里可以看出数据包的许多详细信息。软件抓取到的数据包件详情如图 5.7 所示。

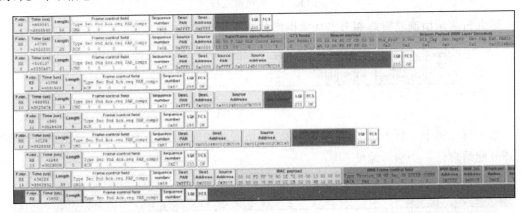

图 5.7　软件抓包结果

　　软件的抓包结果每行表示一个捕获的数据包,从抓到的数据包可以看到每个数据包由很多段组成,这些段不是随机的,而是和 ZigBee 协议相对应的。ZigBee 协议栈采用了分层结构,所以数据包的显示是根据不同的层使用不同的颜色。ZigBee 协议中介质访问控制层数据包构成和软件抓包结果对比如图 5.8 至图 5.14 所示。

长度	2	1	0/2	0/2/8	0/2	0/2
域名	帧控制域	序列号	目的PAN ID	目的地址	源PAN ID	源地址

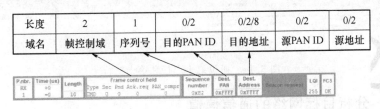

图 5.8　抓包对比图

　　RX6 表示第六行,显示了协调器建立 ZigBee 无线网络和终端加入网络的过程,协调器为加入的终端分配了地址,配置的网络 ID 就是 PAN ID。

图 5.9　抓包第六行

　　第七行表示协调器已经建立了 ZigBee 网络,在建立的 ZigBee 网络中,协调器的网络地址固定为 Source Address＝0x0000,Source PAN＝0xFFF1。

图 5.10　抓包第七行

第八行终端节点发送了加入网络的请求，带有自己的 IEEE 地址和自己的 PAN 是 0x0000。需要注意的是，如果终端节点需要加入一个网络，必须在程序中设置自己的 PAN 值为 0x0000，表示终端只要找到一个无线 ZigBee 网络，那么就加入这个网络。还可以看出终端节点的目的地址设为 0x0000。

图 5.11　抓包第八行

第九行表示协调器对终端节点加入网络的请求做出了应答。

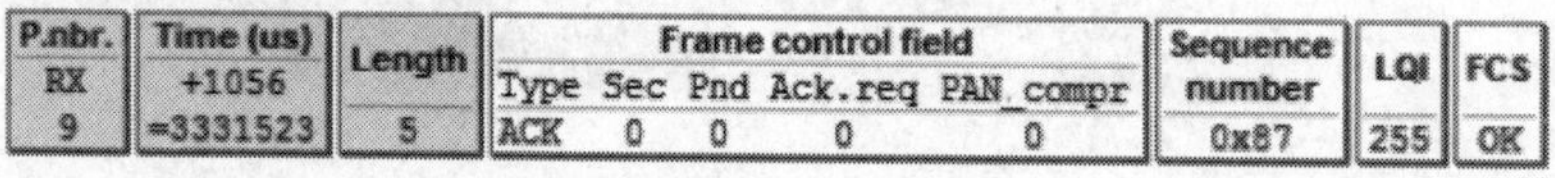

P.nbr. RX	Time (us)	Length	Frame control field						Sequence number	LQI	FCS
			Type	Sec	Pnd	Ack.req	PAN_compr				
9	+1056 =3331523	5	ACK	0	0	0	0		0x87	255	OK

图 5.12　抓包第九行

第十行和第十一行表示了终端节点在收到协调器的回复后，开始发送数据请求，请求协调器分配给自己一个网络地址。

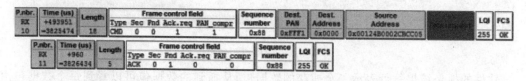

图 5.13　抓包第十行和第十一行

第十二行和第十三行表示协调器成功地分配给了终端节点相应的网络地址。

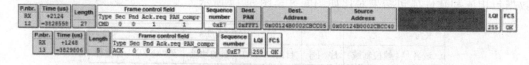

图 5.14　抓包第十二行和第十三行

5.3.4　分析目标网络的通信信道

5.3.3 是一个新的 ZigBee 网络建立过程中通过 Packet Sniffer 软件抓包分析的结果，而在目标网络信道检测的过程中，也可以使用该软件来进行分析，判断目标网络使用的是哪个信道。使用软件进行分析时，不需要检测出目标网络中数据包的具体结构和内容，由于已建立的目标网络一定处在 2.4 GHz 的频段，因此只需要检测出目标网络处在该频段下的哪个信道内。因为数据包嗅探器可以嗅探捕获出当前网络内的数据包通信信息，所以通过不断手动更改软件的检测信道，根据捕获的数据包信息来确定目标网络通信信道。检测结果如图 5.15 及图 5.16 所示。

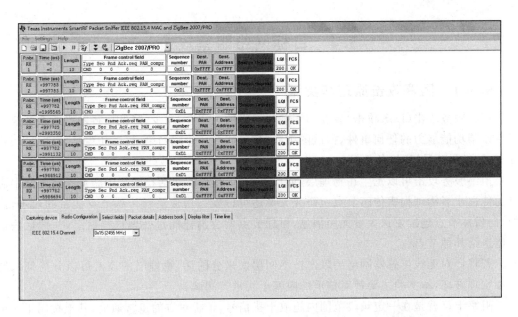

图 5.15　未检测到信道

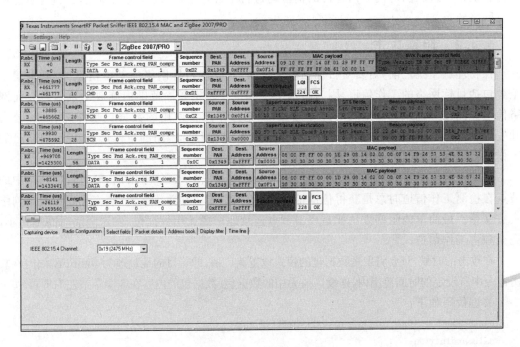

图 5.16　检测到信道

由图 5.15 和图 5.16 所示。可以看出,当在当前信道内没有检测到数据包通信时,软件捕获到的数据包颜色均是红色的,表明并没有抓取到数据包,即当前信道没有被占用。然后在软件的下方空白栏里面选择换下一个信道编号,重新选择运行软件,捕获数据包即可。通过不断重复之前进行的操作,当检测到目标网络所在信道,开始抓取数据包之后,在软件的显示界面会看到与之前不同的展示结果。在捕获的数据包中会出现许多不同类型的捕获结果,即不同的数据包类型,此时就可以确定目标网络的通信信道。

5.4 目标网络阻塞攻击

5.4.1 阻塞攻击原理和类型

拒绝服务攻击(DoS 攻击)主要用于破坏网络的可用性,减少、降低执行网络或系统执行某一期望功能能力的任何事件,如试图中断、颠覆或毁坏传感网络,另外还包括硬件失败、软件 bug、资源耗尽、环境条件等。

拒绝服务攻击可以发生在物理层,如信道阻塞,这可能包括在网络中恶意干扰网络中协议的传送或者物理损害传感节点。研究人员还可以发起快速消耗传感节点能量的攻击,比如,向目标节点连续发送大量无用信息,目标节点就会消耗能量处理这些信息,并把这些信息传送给其他节点。

若将针对无线传感器网络的攻击按不同层次来分的话,物理层的攻击可以分为拥塞攻击和物理破坏,本实验主要针对信道的阻塞干扰进行测试。

阻塞干扰就是在一定频段范围内施放干扰信号,干扰对方的正常通信,其干扰属于非选择性干扰,不分敌我,对同一信道内的信号均进行干扰阻塞,而且干扰范围比较大,有可能将双方网络致盲。

5.4.2 阻塞攻击

在物理层干扰之前,需要对目标网络进行探测,获取目标网络的基本信息,该基本信息至少包括目标网络的工作信道,因为阻塞干扰就是在一定频段范围内施放干扰信号。而网络信道探测已经在第三章中展示过方法,所以根据第三章使用的数据包嗅探配合 TI 公司开发的 Packet Sniffer 软件,对目标网络进行探测,获取目标网络的工作信道,同时将自己的工作信道设置成相同的工作信道。

阻塞干扰就是将目标网络的工作信道进行阻塞,使得信道能量增加,导致目标网络中的节点在检测工作信道时总是获得信道忙的状态,无法成功发送数据包,最终导致和通信网络失去联系。最简单的阻塞方法就是攻击节点连续地广播无用数据包,发送间隔时间尽量小,完全独占工作信道。

在攻击的时候,只要将发送数据包的模式设置为广播,即将目的地址改为 0xFFFF,同时在攻击命令中所设定的时间范围内,连续广播无用的数据包(数据包的内容在 5 个字节左右即可)。

关键代码如下:

```
uint8 jam[5] = {0x11,0x11,0x11,0x11,0x11};
halBoardInit();
if(basicRfInit(&basicRfConfig) == FAILED) {
    HAL_ASSERT(FALSE);
}
for(uint8 i = 0; i < 1000000; i++)
    basicRfSendPacket(0xFFFF, jam, 5);
```

5.4.3 攻击结果展示

本章节是对实验得出的结果展示,通过攻击节点不断发出数据包,阻塞整个网络。网络是否被阻塞则是通过上位机软件来显示。

　　通过无线传感网络的上位机软件可以很清楚地看出,在目标网络受到阻塞攻击之前,目标网络中一共有两台设备。通过虚拟拓扑表示目标网络中的两台设备之间是建立了连接的,如图 5.17 所示。使用攻击节点在目标网络信道中不断发出数据包之后,网络拓扑只能显示出一台通信设备,如图 5.18 所示。这就说明整个网络遭到破坏,攻击节点成功地使得网络中的终端设备失去了连接。

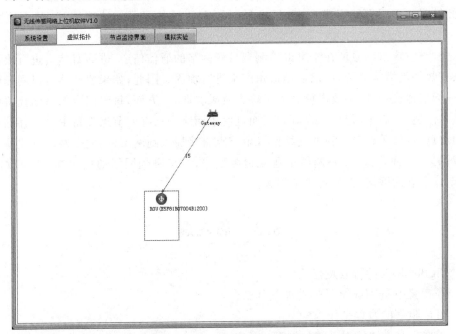

图 5.17　目标网络攻击前的网络拓扑

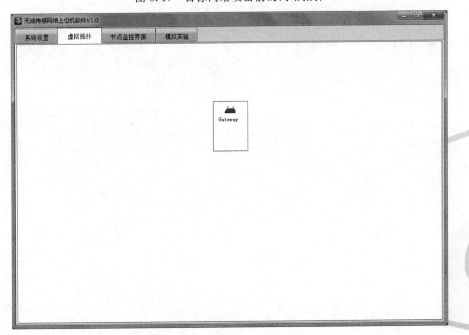

图 5.18　目标网络攻击后的网络拓扑

5.4.4　加固方法

由 5.4.3 节攻击结果可以知道,通过攻击节点不断在目标网络中发出数据包,成功地使得目标网络受到阻塞,所以 ZigBee 协议在物理层的实现的确存在着较大的安全威胁,容易受到攻击对网络造成潜在的损害。从攻击的角度来讲,本章中分析了 ZigBee 协议在物理层的通信机制。由于网络中的所有通信设备均工作在同一个随机信道中,而且不会再发生变化,因此针对物理层进行阻塞攻击,很容易对原有的设备间通信造成干扰,甚至瘫痪整个网络。

综上所述,攻击的原理在于可以检测到目标网络的通信信道,进而对信道进行攻击。如果采取有效加固措施的话,可以从信道角度来进行加固。因此,如果协调器可以间隔固定的时间,进行信道跳变,阻塞攻击就失去了攻击效果。即,一方面,每隔固定的时间让协调器更改网络的信道,然后重新建立目标网络,而且由于网络中已有的节点设备中已经存储有相邻节点的信息,这样重新建立新的网络使其余节点直接加入到网络中,使得网络的建立时间大大缩减;另一方面,可以在协调器中建立检测程序,当检测到网络通信中断后,更改网络信道,重新建立新的网络,也就解决了问题。

5.5　思考题

1. ZigBee 协议的特点是什么?
2. 本实验中 sniffer 工具的功能是什么?
3. 目标阻塞的原理是什么?
4. 采取何种方法能对系统的漏洞进行加固?

第 6 章

家用路由器漏洞安全分析

6.1 家庭路由器的概念和用途

路由器又称网关设备,是连接互联网中各局域网、广域网的一种网络设备。首先,路由器具有网络互连功能,它可连接多个逻辑上分开的网络,所谓逻辑网络是代表一个单独的网络或者一个子网。当数据从一个子网传输到另一个子网时,路由器通过判断网络地址来选择 IP 路径,实现不同网络互相通信;其次,路由器具有数据处理功能,它可提供数据的分组过滤、分组转发、优先级、复用、加密、压缩和防火墙等多种功能;再次,路由器具有网络管理功能,它可提供包括配置管理、性能管理、容错管理和流量控制等功能。

目前路由器已经广泛应用于各行各业,互联网各种级别的网络中随处都可见到路由器。从功能上划分,可将路由器分为"接入路由器""企业级路由器"和"骨干级路由器"。

接入路由器,又称家用路由器,是指将局域网用户接入到广域网中的路由器设备,用来连接家庭或互联网服务提供商(Internet Service Provider,ISP)内的小型企业客户。接入路由器可以提供 SLIP(串行线路协议)/PPP(点对点协议)连接、ADSL 以及正在普及的光纤等新技术。随着技术的发展,各家庭的可用带宽快速提高,但同时也增加了接入路由器的负担。由于这些趋势,接入路由器将会支持许多异构和高速端口,并能够在各个端口运行多种协议。

企业级路由器用来连接许多终端系统,例如连接某大型企业内成千上万的计算机,普通的局域网用户接触不到。与接入路由器相比,首先,企业级路由器支持更丰富的网络协议,包括 IP、IPX 和 Vine,还支持防火墙、包过滤以及大量的管理和安全策略以及 VLAN(虚拟局域网),安全、稳定是企业网络的生命线;其次,企业级路由器具有更高的转发性能、更高的带机量,因为要同时满足成百上千人的上网需求和数据传输需求,则对于路由器的转发性能和带机量有很高的要求,否则就会存在严重的应用隐患。因此,企业级路由器大多采用高主频网络专用处理器,数据处理能力强,具有更远的传输距离、更大的覆盖面积,可以大幅度提高网络的传输速度和吞吐能力,更好地满足企业多人高速上网需求。另外,企业级路由器在工业设计上更加专业精致,能够支持长时间地不停使用,在运行上会更加安全稳定。

骨干级路由器是用来实现企业级网络的互联,它的主要要求是速度性和可靠性,而价格则处于次要地位。只有工作在电信等少数部门的技术人员,才能接触到骨干级路由器。互联网目前由几十个骨干网构成,每个骨干网服务几千个小网络。硬件可靠性可以采用电话交换网中使用的技术,如热备份、双电源、双数据通路等来获得。这些技术对于所有骨干路由器来说都是必需的。骨干网上的路由器终端系统通常是不能直接访问的,它们连接着长距离骨干网上的 ISP 和企业网络。

6.2　家庭互联网的基本概念和用途

家庭互联网(Home Internet),以电视、冰箱、空调等智能家电为主要承载,立足家庭应用环境,以人为中心,重新定义电视、冰箱、空调等多终端的功能,及各终端间的广泛互联和智能协同。

6.2.1　智能家电的基本概念

智能型的家电就是传感技术、微处理器、网络通信技术同时引入家电设备之后形成的家电产品,是未来智慧家庭(Smart Home)或者家联网(Home Internet)中重要的一个环节。智能家电能够自动感知住宅空间状态和家电自身状态、家电服务状态,也能自动控制及接收住宅用户在住宅内或远程的控制指令;同时,智能家电作为智能家居的组成部分,能够与住宅内其他家电和家居、设施互联组成系统,实现智能家居功能。

智能家电的特点主要有以下三点。

(1) 具备一定的运算能力。智能家电一般自带操作系统或者微处理器,自带的操作系统或者微处理器使得智能家电具备了一定的运算能力,能对相关数据进行处理,同时也能够连接家联网中的 AP(Access Point),并通过与之连接的 AP 接入到国际互联网。

(2) 收集数据并与云端进行交互。不断地对各种数据进行收集操作是智能家电的一个重要特点,将数据收集完毕后,智能家电能够将数据暂存在本地,然后通过网络将收集的数据上传给云端,也可以直接将收集的数据上传到云端。

(3) 控制手段多样化。传统的家电只能通过人工操作对设备进行控制,例如,传统的冰箱只能通过手工操作对温度进行调整,传统的空调必须使用控制器才能调控空调温度。然而,用户可以通过 APP、云端、互联网等多种形式对智能家电进行控制。

智能家电是未来家电业的发展趋势,智能家电将与智能家居共同组成智慧家庭以及家联网。智能家电将通过部署在家庭中的统一网关系统相互连接,组成一个家联网,同时也可以连接到互联网。虽然智能家电的发展能够为人类的生活带来诸多便利,但是也将带来各种安全隐患:如果黑客入侵家中的空调,并将空调温度设置成 100 ℃,将有引发火灾的可能;如果黑客入侵家中的洗衣机,让洗衣机在无水的情况下空转,将烧坏洗衣机的离心机;如果黑客入侵家中的冰箱,将冰箱冷藏室和冷冻室的温度全部设置成为 40 ℃,家中的所有食品将会全部损坏;如果黑客入侵家中的温度感应器和烟感应器,使得温度感应器和烟感应器产生误报警,导致家中的自动喷水设备喷水,家中所有的电器和家具将被损坏。因此对智能家庭进行安全检测和安全保护至关重要。

6.2.2　家庭互联网的网拓扑结构图

智能家电的主要控制方法有以下五种。

(1) 局域网中通过 Wi-Fi 控制

智能电视本身需要具备连接到互联网的能力,通过 Wi-Fi 对其进行控制是最佳选择。

当前的智能电视一般都通过使用 Wi-Fi 对其进行操控,同时,因为没有远程操控的必要,操作权限一般被控制在局域网内。

（2）云智能远程控制

需要远程控制的设备主要包括摄像头、洗衣机、电饭煲等。

（3）通过蓝牙控制

因联网设备系统相对较复杂,有些设备不需要进行远程控制,也没有必要连接到互联网,这时通常选择通过蓝牙控制的方法,如智能灯泡、音响等。

（4）ZigBee 控制

ZigBee 译为"紫蜂",它与蓝牙类似,是一种新兴的短距离无线通信技术,用于传感控制应用。

（5）通过家庭中的智能网关连接

厂商在家庭中部署智能 AP 和网关,不同的智能设备通过智能网关和智能 AP 进行连接。

家庭互联网网络的大致架构,如图 6.1 所示。网络节点包括控制点、设备和网关。控制点是网络中的控制器,手机、PAD、机顶盒等人机交互设备都可以作为控制点。设备是服务提供者,电视、空调、冰箱、烟灶、开关、窗帘等都可以作为设备。网关是一种特殊的设备,可以含有一般设备的所有属性,也可作为其他设备的代理。控制点、设备和网关都是逻辑设备,某一个物理设备可以同时是设备、网关和控制点。

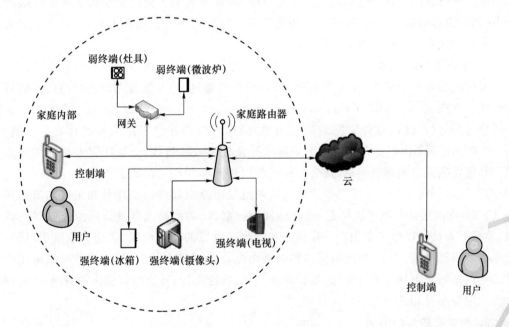

图 6.1　家庭互联网拓扑结构图

家庭内部网络的强终端设备直接和家庭路由器相连,同时控制端也和家庭路由器相连。弱终端设备通过网关和家庭路由器相连。控制端和用户在家庭外通过云端控制设备。

6.3 家庭路由器安全威胁分析

家用路由器的安全问题非常严重,原因之一是作为连接家庭用户和互联网的桥梁,路由器设备处于"永远在线"的状态,且路由器设备具有公网的 IP 地址,研究人员在进行攻击时可以通过公网 IP 地址进行扫描;原因之二是随着智能路由器概念的兴起,家用路由器功能将会越来越多,除了能够支持 Wi-Fi 协议外,还支持其他家中物联网设备的互联功能,支持各种智慧家庭(Smarthome)的私有协议,比如 Elink 或者其他各种家联网的协议,也就可能带来更多的安全漏洞。

目前,家用路由器的漏洞有四个方面,分别是:密码破解漏洞、Web 漏洞、后门漏洞和溢出漏洞。

1. 路由器密码破解漏洞

路由器有两个重要密码,一个是无线 Wi-Fi 接入密码,移动终端设备通过这个密码连接无线路由器;另外一个是路由器管理密码,通过路由器的管理密码对路由器进行管理,包括对路由器的账号管理、上网管理等功能进行管理。Wi-Fi 密码最常见的加密认证方式有三种,分别是 WPA、WPA2、WEP。目前,无线网络加密技术日益成熟,以前的 WEP 加密方式因其加密强度相对较低,易被研究人员破解而逐渐被淘汰,但仍有一些用户使用。同时,绝大多数用户给路由器设置密码时使用了弱口令,即容易被别人猜测到或被破解工具破解的口令,例如简单的数字组合、电话号码和生日等。现在网络上有很多工具,可以通过字典暴力破解的方法获取用户的 Wi-Fi 密码。

2. 路由器 Web 漏洞

家用路由器一般带有 Web 管理服务,用户可以通过 Web 管理界面进行路由器的管理和配置。SQL 注入、CSRF(Cross-site request forgery)、XSS(跨站脚本攻击)等针对 Web 漏洞的攻击,不仅可以用在针对网站的攻击中,同样可以用在针对路由器的攻击中。例如,CRSF 攻击主要是由研究人员在网页中植入恶意代码或超链接,当被研究人员使用浏览器执行恶意代码或单击超链接后,研究人员就可以访问那些经过被研究人员身份验证过的网络应用,路由器也不例外。用户平常修改或重新设定路由器管理员账号和密码的概率相当低,CSRF 攻击正是利用了这一点,通过认证绕过漏洞、弱密码或者默认路由器管理密码登录,使研究人员可以像正常用户一样访问和修改路由器的任何设置,在这种攻击中,研究人员根本不需要知道 Wi-Fi 密码就可以控制路由器。控制路由器后,研究人员可以将用户正常访问网站的请求导向恶意网站、劫持用户流量、推送广告,甚至可以制作钓鱼网站,诱使用户输入网银账号和密码等信息并获取。

3. 路由器的后门漏洞

目前,多家厂商的路由器产品存在后门,例如 D-Link 等,研究人员可由此直接控制路由器,进一步发起 DNS(域名系统)劫持、窃取信息、网络钓鱼等攻击,直接威胁用户网上交易和数据存储的安全。这里的后门,并不是指研究人员攻击路由器设备以后在系统中植入的后门,而是指系统在开发的过程中为了调试和检测方便而留下的超级管理权限。这个超级管理权限一旦被发现,后果将不堪设想,意味着研究人员可以直接对路由器进行远程控制。

4. 路由器溢出漏洞

路由器是一种嵌入式设备，可以看作一台小型计算机，在路由器上运行的程序会因存在缓冲区漏洞而遭到攻击。利用缓冲区溢出的攻击，一般会造成系统假死、重启，程序运行失败等，甚至可能被研究人员窃取系统特权，从而进行各种非法操作。研究人员可以通过分析路由器系统及其允许的服务程序，进行大量的分析及模糊测试，从而发现缓冲区溢出漏洞，并利用其实现对路由器的远程控制。

6.4　家庭路由器安全分析实例

家庭路由器是家庭互联网中非常重要的一个设备，家联网中的设备通过家庭路由器访问互联网。家庭路由器的配置方法简便。

路由器作为网际互联设备，是连接内部可信网络和外部非信任网络的枢纽节点，路由器系统是国际互联网的主要组成部分。路由器的可靠性和安全性直接关系到网络的性能和数据信息的安全。针对路由器相关安全及防护技术的研究和应用是网络安全的核心课题，路由器的安全研究是网络安全的重要组成部分，同时，针对路由器攻击技术和相应安全防护技术方面开展研究，对于网络的安全渗透性测试，采取积极防范措施提高路由器的安全防御能力。

6.4.1　背景分析

安全漏洞是指信息系统在设计、实现或者运行管理过程中存在的缺陷或不足，从而使研究人员能够在未授权的情况下利用这些缺陷破坏系统的安全策略。它是研究安全问题的生命线，是网络攻击和防御的核心问题。随着移动通信技术和互联网技术的快速发展和相互融合，安全漏洞导致的信息泄露、金钱损失等问题愈加严重，如何发现漏洞、修复漏洞、加强防御等问题成为安全研究的热门领域。

本章主要针对 D-link DIR-645 型号的路由器攻击技术进行分析，从该路由器溢出漏洞进行实例探究。研究人员可以利用缓冲区溢出漏洞实现对路由器的远程控制，一旦得到路由器的控制权限，研究人员就可以获取并修改路由器登录账号和密码，进而可以修改路由器的任何配置，例如进行流量拦截和篡改、推送广告，甚至盗取用户重要信息等。

6.4.2　路由器漏洞原理

1. 路由器简介

无线路由器的技术在不断地发展，无线速率越来越快。2016 年中国无线路由器品牌关注比例中，D-Link 路由器的关注比例在 7.3% 左右，应用范围广泛。其中，D-link DIR-645 型号路由器，造型独特，完全颠覆了传统路由器方正、呆板的造型。D-link DIR-645 路由器内置了 6 个"智能天线"，可根据接入设备和应用环境的不同，自行搭配最适合的天线工作组合，以达到最好的无线连接效果。4 个千兆 LAN 口不仅可以为用户带来 10/100/1 000 Mbit/s的高速局域网应用，更能预先划分优先级，用户只要按需接入设备，即可实现端口流量控制，轻松分配带宽。但就是这款在外表和功能上都表现卓越的智能路由器，却发现存在致命的漏洞。

2. HTTP 协议

与家用路由器中的 Web 服务器通信时，HTTP 协议是必不可少的。但是，路由器的很多漏洞都存在于 Web 服务器没有正确解析研究人员发送的 HTTP 请求协议上，因此，了解 HTTP 协议的相关基础知识对这种类型的漏洞分析和挖掘是非常有必要的。HTTP 请求由 3 部分组成，分别是请求行，消息报头和请求正文。

HTTP 协议请求行的格式如下：

Method Request-URI HTTP-Version CRLF

"Method"表示请求方法，请求方法有很多种，常见的例如 GET，用来请求获取 Request-URI 所标识的资源；POST，在 Request-URI 所标识的资源后附加新的数据。"Request-URI"是一个统一资源标识符。"HTTP-Version"表示请求的 HTTP 协议版本。"CRLF"表示回车和换行。

3. 漏洞成因分析

D-link DIR-645 路由器存在的漏洞是 CGI（Common Gateway Interface）脚本 authentication. cgi（身份验证脚本）在读取 POST 参数中名为"password"参数的值时可造成缓冲区溢出，并获得远程命令执行。当访问路由器 Web 服务器 authentication. cgi 时，authentication_main 函数中的 read()函数将整个 POST 参数读取到堆栈中，而 read()函数没有验证 HTTP 协议中 Content-length 字段是否超过缓冲区大小，最终导致缓冲区溢出。为了使程序在溢出后能顺利劫持流程，程序中的 POST 数据应该被伪造成"id＝XX＆password＝XX"的形式。

6.4.3 环境搭建

本章实验测试环境搭建如表 6.1 所示。

表 6.1　本章实验测试环境

操作系统	Windows 7
开发环境	Python2. 7
硬件环境	D-link DIR-645

6.4.4 路由器 Shell 命令

1. cd 命令

改变当前工作目录，用法如表 6.2 所示。

表 6.2　cd 命令

功能项	命令或格式	作用
cd	cd[directory]	切换到指定目录
	cd	切换到当前用户所在的主目录
	cd..	回到当前目录的上一级目录
	cd /var	切换到以绝对路径表示的/var 目录
	cd../../	使用相对路径切换到当前目录的上一级的上一级目录
	cd.	切换到当前目录

2. ls 命令

显示目录及文件信息,用法如表6.3所示。

表6.3 ls 命令

功能项	命令或格式	作用
ls	ls[option][file|directory]	显示指定目录下的所有文件或文件夹
	ls	显示当前目录的内容
	ls-l	显示当前目录的详细内容
	ls-a	显示当前目录下的所有文件,包括以".",开头的隐藏文件
	ls/var	显示指定目录/var下的内容
	ls * . txt	显示当前目录下所有以". txt"为后缀的文件

3. cat 命令

在标准输出设备上显示或连接指定文件,用法如表6.4所示。

表6.4 cat 命令

功能项	命令或格式	作用
ls	cat[option][file]	显示文件的内容,或者将数个文件合并成一个文件
	cat password. txt	显示当前目录下的 password. txt 文件中的所有内容
	cat a. txt ＞＞b. txt	将 a. txt 文件的内容附加到 b. txt 文件之后
	cat n1 n2 ＞a. txt	将 n1 文件和 n2 文件合并成 a. txt 文件

4. wget 命令

支持 HTTP 和 FTP 协议,支持代理服务器和断点续传功能,能够自动递归远程主机的目录,找到合乎条件的文件并将其下载,用法如表6.5所示。

表6.5 wget 命令

功能项	命令或格式	作用
wget	wget URL	下载 URL 首页并且显示下载信息
	wget-c URL	断点续传
	wget-i download. txt	下载 download. txt 里面列出的每个 URL

6.4.5 漏洞攻击过程

(1) 连接 D-link 路由器

首先把路由器用电源线接通,然后插入网线。实验中需要用到两根网线,宽带或光纤网络连接路由器的 WAN 口,另一根和电脑接口连接的网线连接路由器任意一个 LAN 口,如图6.2所示。

(2) 配置 D-link 路由器

D-link DIR-645 型号路由器后台管理界面的默认网址一般为:http://dlinkrouter 或 http://192.168.0.1(具体见路由器底座标注)。在浏览器输入该网址后,进入路由器管理设置界面。首先需要输入路由器管理的用户名和密码,默认用户名和密码见路由器上标注。例如,用户名为 admin,密码为空,如图 6.3 所示。

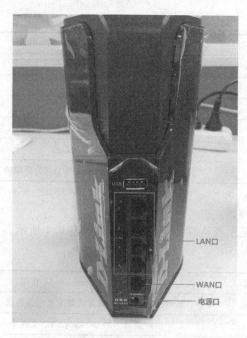

图 6.2　D-link 路由器

图 6.3　D-link 路由器登录界面

(3) 用户名和密码输入正确后,即可进入 D-link 路由器设置向导界面开始配置,单击下一步即可,如图 6.4 所示。

(4) 配置 Wi-Fi 网络名称和密码

如图 6.5 所示,SSID(服务集标识,Service Set Identifier),即 Wi-Fi 的网络名称。设置密码时要避免弱口令,即简短的数字组合等容易被暴力破解或猜测的密码。

(5) 设置路由器管理密码

更改原默认弱口令密码,防止被研究人员破解,如图 6.6 所示。

(6) 选择所在时区

用于配置路由器的时间选项,如图 6.7 所示。

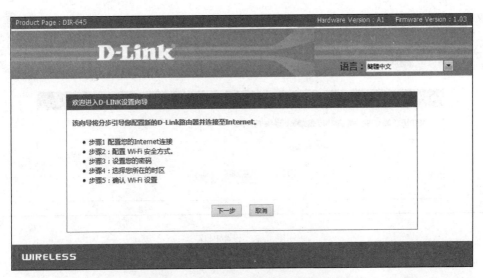

图 6.4　D-link 路由器设置向导界面

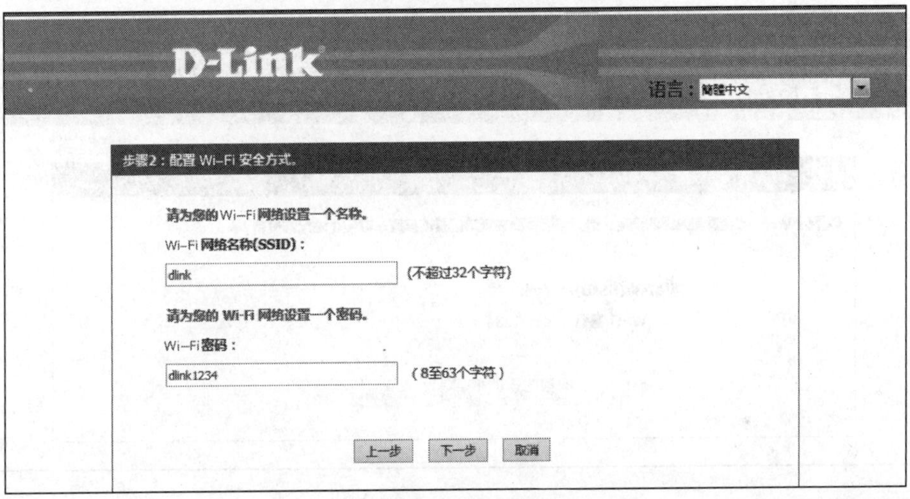

图 6.5　配置 Wi-Fi 安全界面

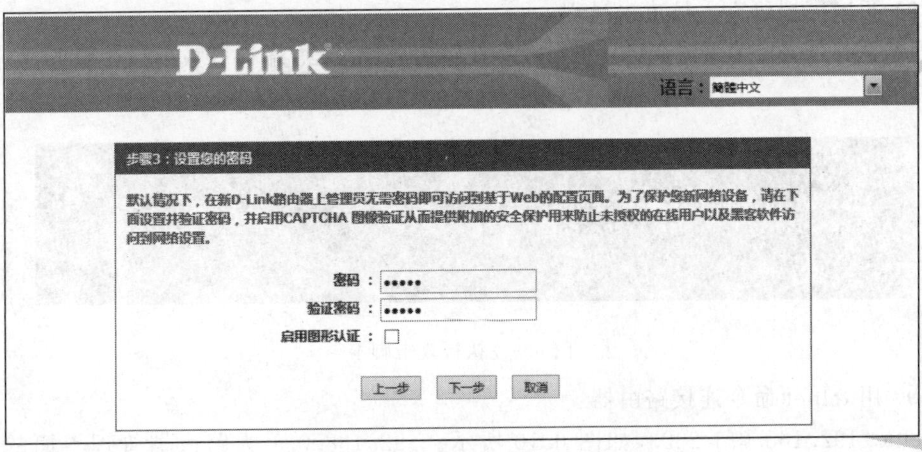

图 6.6　设置路由器安全界面

图 6.7　设置时区

（7）管理界面会显示 Wi-Fi 安全设置的详细信息

确认 Wi-Fi 设置无误后，单击保存即可。至此，路由器配置全部完成，如图 6.8 所示。

图 6.8　确认 Wi-Fi 设置

（8）开始模拟研究人员攻击过程

执行测试脚本 DIR645-f-V1.03.py，会在路由器的 2323 端口开放 telnet 服务，如图 6.9 所示。

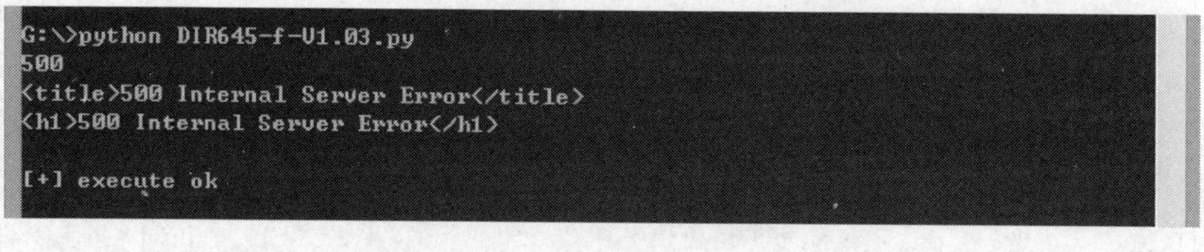

图 6.9　执行攻击脚本

（9）用 telnet 命令连接路由器

telnet 192.168.0.1 2323，如图 6.10 所示。192.168.0.1 为路由器管理界面的 IP 地

址;2323 为 Telnet(远程登录)协议代理服务器常用端口。

图 6.10　telnet 连接路由器

telnet 协议是 Internet 远程登录服务的标准协议和主要方式。它为用户提供了在本地计算机上完成远程主机工作的能力。在终端使用者的电脑上使用 telnet 程序,用它连接到服务器。终端使用者可以在 telnet 程序中输入命令,这些命令会在服务器上运行,就像直接在服务器的控制台上输入一样,可以在本地就能控制服务器。

(10) 查看路由器文件目录

成功连接到路由器服务器后,首先用"cd /"命令进入根目录,接着输入"ls"命令查看路由器根目录下的文件目录,如图 6.11 所示。

图 6.11　路由器文件目录

(11) 查看文件夹文件目录

一般情况下,var 文件中存放路由器管理员用户名和密码的文件。因此,输入"cd/var"命令进入 var 文件目录下,在 var 目录下可以找到存放路由器管理员用户名和密码的文件 passwd,如图 6.12 所示。

图 6.12　var 文件夹文件目录

(12) 查看路由器密码

找到 passwd 文件后,用"cat passwd"命令显示 passwd 文件的内容,就可以得到路由器管理员用户名和密码。如图 6.13 所示,用户名为 Admin,密码为 dlink。

```
#
# cat passwd
"Admin" "dlink" "0"
#
```

图 6.13　查看路由器密码

(13) 查看路由器管理界面

得到了存放密码的文件和所在的目录后,通过 wget 命令,可以从任意服务器上下载构建好的相同的文件,替换原来的 passwd 文件,即可实现修改路由器密码。利用管理员用户名和密码，在路由器 Web 页面登录成功后，可以随意修改路由器的所有配置信息，如图 6.14 所示。

图 6.14　路由器管理界面

6.4.6　漏洞修复建议

（1）加入验证机制，在函数中验证 HTTP 协议中的字段是否超过缓冲区大小。
（2）用 MD5 算法加密存放路由器管理员用户名和密码的文件。

6.5　家庭互联网的安全加固方案

6.5.1　智能家电的安全加固方案

　　智能家电的安全性普遍比较低，存在的漏洞也比较明显，容易实施攻击，安全加固主要需要考虑以下几个方面。

1. 基于 HTTP 协议远程控制的安全加固

基于 HTTP 的安全控制协议如图 6.15 所示。

智能冰箱　　　　　　　　　云端　　　　　　　　　手机APP

图 6.15　基于 HTTP 的安全控制协议

（1）基于 HTTP 协议的攻击大多数是利用指令捕获，然后使用电脑进行指令重放，最后对指令进行个性化改造尝试各种可能性。

（2）使用 HTTPS 协议传输数据，HTTPS 的数据包经过了加密处理，看不到有意义的明文信息，那么研究人员很难获取指令信息，也无法进行指令重放攻击。

（3）避免弱密钥的使用，当研究人员遇到相对复杂的密码时一般很难继续进行下去。

（4）服务器不要返回过多没必要的信息，研究人员往往需要根据服务器的返回信息进行测试以确认一些信息。

（5）尽量避免明文传送信息，可以使用私有加密算法对信息进行加密。

（6）每次指令都需要对指令来源进行身份认证，可以加入设备信息。

2. Wi-Fi 局域网内智能家电的攻击

局域网内的设备数量有限，即使出问题，一般也不会有太大的危害，所以很多企业的内部网站只有局域网可以访问，这样大大降低了出现问题的风险。Wi-Fi 传输距离有限，研究人员必须距离设备较近才有可能进行攻击，这也避免了大面积攻击的存在。

对该类设备的安全加固重点应该是防止攻击使设备出现暂停服务或者直接损坏。这就要求智能家电需要考虑周全异常处理机制。

3. 基于 XMPP 协议远程控制的安全加固

XMPP 一般是用来实现聊天工具的一个框架协议。因为智能硬件需要保持长时间在线的会话并且要接收消息，所以一些厂商会改用一些聊天工具来实现。

XMPP 协议的攻击首先需要登录账号，所以必须对口令进行 MD5 加密处理，减少口令泄露的风险。

在智能家电中使用 XMPP 协议普遍存在一个漏洞就是可以用一台家电的账号向另一台家电发送指令，这样只要知道任何一台家电的账号都可以控制其他家电。需要对指令来源进行身份验证，确保来源的合法性。空调接受控制指令时并未对发送方的身份信息进行验证，即使某手机端账号没有绑定该空调设备也可以向该空调发送指令，空调会正常接受并做出响应。甚至可以使用任意一台空调的账号进行登录给目标空调发送控制指令。

6.5.2　家庭路由器的安全加固方案

家用路由器的安全加固主要需要考虑以下几个方面。

1. 路由器自身安全性

路由器自身安全性包括路由器系统版本是否存在漏洞、硬件是否存在后门等。因此，用户要定期到路由器官方网站查询安全公告信息和补丁信息,及时给路由器系统升级并且安装补丁。

2. 账号口令设置

账号口令设置包括账号的口令是否满足复杂性要求、是否存在弱口令、是否修改了默认管理员账号和密码。路由器包括一个管理员账号密码和一个 Wi-Fi 账号密码。首先,用户需要修改默认的管理员账号和密码,设置一个复杂的账号和密码,并定期修改;其次,用户需要设置一个复杂 Wi-Fi 密码,避免使用弱口令,并定期修改,以提高安全性。

3. 系统默认服务

与大多数操作系统一样,路由器系统在默认情况下也开了一大堆服务,这些服务可能会引起潜在的安全风险,解决的办法是按最小特权原则,关闭禁用这些不需要的服务,例如:

```
no ip http server       //禁用 http server
no ip source-route      //禁用 IP 源路由,防止路由欺骗
no service finger       //禁用 finger 服务
no ip bootp server      //禁用 bootp 服务
no service udp-small-s  //禁用小的 udp 服务
no service tcp-small-s  //禁用小的 tcp 服务
```

4. 路由器安全配置

路由器配置是否安全得当,包括管理配置和策略配置。例如,严格控制可以访问路由器的管理员;建议不要远程访问路由器,如果需要远程访问路由器,建议使用访问控制列表和高强度的密码控制。

5. 路由器审计功能

开启路由器审计功能,用户执行操作的同时把所有操作自动记录到系统的审计日志中。可以根据审计功能跟踪的信息,找出非法存取数据的人、时间和内容等。

6.6　思　考　题

1. 路由器常见安全威胁有哪些?
2. 家庭路由器在家庭互联网中的位置为什么尤为重要?
3. Busybox 操作系统常用指令有哪些?
4. 调研各种家用路由器安全漏洞。

第 7 章

蓝牙设备安全性分析

7.1 蓝牙简介和实验环境简介

7.1.1 BLE 系统介绍

低功耗蓝牙技术(Bluetooth Low Energy Technology)是蓝牙经典标准的演进,专注于为设备间提供可靠、高效且低功耗的链路连接,它具有超低的功耗,满足超长的续航能力。2014 年年底,蓝牙技术核心规范 4.2 版本正式发布。在该版本中,引入了最新的隐私保护机制,此外,该版本还大大提升了低功耗蓝牙技术设备间数据传输的速度与可靠性。由于低功耗蓝牙技术封包容量增加,设备之间的数据传输速度可较蓝牙 4.1 版本提升 2.5 倍。数据传输速度与封包容量的增加能够降低传输错误发生的概率并减少电池能耗,进而提升联网的效率。本章就低功耗蓝牙技术设备之间的连接进行详细的讲解,希望能帮助开发者设计出更多有创新性的产品和解决方案。

在低功耗蓝牙技术建立连接的过程中,设备都是成对出现的:master 和 slave 设备。如果 master 希望与 slave 建立连接,master 就需要发起连接请求(ConnectionRequest,CONNECT_REQ),因此 master 可以称之为连接发起者;同时,slave 必须是可连接的并且具有解析连接请求 CONNECT_REQ 的能力,slave 可以称为广播者。蓝牙使用的是跳频技术,当连接建立后,master 和 slave 设备就需要利用某种机制来在预先设定的信道图谱上,按照预先设定的跳频跨度进行跳频工作。信道图谱就来自 ChM 参数,每跳的跨度则来自于 Hop 参数。

BLE 蓝牙低功耗技术相较之前蓝牙的 3.0 版本有了诸多改进,其突出的优势为低功耗、低成本和开放性。蓝牙 4.0 版本与 3.0 相比功耗降低了 90%,在静态工作状态下一粒纽扣电池可工作达数年之久。成本也非常低廉,TI 公司的 CC2540 蓝牙 SOC 方案芯片出售价格仅为 1 美元,而其开放性也是不言而喻的,它拥有的 2.4 GHz 频段在全球开放。除了低功耗、低成本和开放性外,该版本允许进行双模、单模两种模式。在双模模式中,蓝牙低功耗 BLE 将其功能整合到现有的传统蓝牙控制器中,共享了传统蓝牙的射频和功能,相较于传统技术成本更小。而单模则是一个高度集成的装置,具备轻量式联结层,在最低成本的前提下,支援低耗能的待机模式、简易的装置还原方案、可靠的点对多点的资料传输、安全的加密联结等。上述控制器中的联结层,适用于网络联结传感器,并确保在无线传输中,都能通过蓝牙低耗能传输。

在数据传输中,蓝牙低功耗技术的传输速度可高达 1 Mbit/s,所有连接均采用先进的嗅探性次额定功能模式,以实现超低的负载循环。蓝牙低功耗和之前的蓝牙版本一样都在连接中使用适应性跳频技术,以减少 2.4 GHz ISM 波段其他技术的干扰,并且蓝牙低功耗可对其他技术的干扰减至最低。同时,BLE 使得延迟时间缩短,联结器的启动与资料传输仅需 3 ms;使射程数增大,射程可超过 100 m。

7.1.2 BLE 官方协议栈结构

BLE 官方协议栈是蓝牙 4.0 版本进行通信的官方协议栈。协议是一系列的通信标准,双方要基于这一规定的标准来进行数据的发射和接收。协议栈则是协议的具体实现形式,是用户和协议之间的一个接口。开发人员使用协议栈来使用协议,进而进行无线数据收发。图 7.1 和图 7.2 展示的就是蓝牙官方协议栈的架构,profile 用来定义设备或组件的角色,所有的 profile 和应用都构建在 GAP 和 GATT 之上。

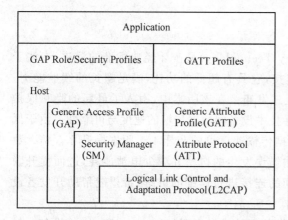

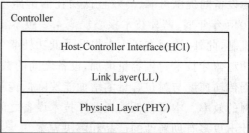

图 7.1　BLE 官方协议栈架构图　　　　图 7.2　BLE 官方协议栈架构图

BLE 官方协议栈结构底层组件包含以下几部分。

1. 控制器

Controller 是控制器,在控制器里既有物理层和链路层,又有直接测试模式和主机控制器接口(HCI)层下半部分。控制器与外界通过无线信号相连,与主机通过主机控制接口(HCI)相连。

物理层采用 2.4 GHz 无线电,简单地传输和接收电磁辐射。无线电波通常可以在给定的某个频段内通过改变幅度、频率或相位携带信息。在低功耗蓝牙 BLE 中,采用一种称为高斯频移键控(GFSK)的调制方式改变无线电波的频率,传输 0 或 1 的信息。

链路层在低功耗蓝牙协议栈中负责广播、扫描、建立和维护连接,以及确保数据包按照正确的方式组织、计算校验值以及加密序列等。在链路层中有信道、报文和过程。链路层信道分为两种:广播信道和数据信道。未建立连接的设备使用广播信道发送数据,设备利用该信道进行广播,通告自身为可连接或可发现的,并且执行扫描或发起连接。在连接建立后,设备利用数据信道来传输数据,在数据信道中,允许一端向另一端发送数据、确认,并在需要时重传,此外还能为每个数据包进行加密和认证。在任意信道上发送的数据(包括广播信道和数据信道)均为小数据包,数据包封装了发送者给接收者的少量数据,以及用来保障数据正确性的校验和。

主机/控制器接口（HCI）为主机提供了一个与控制器通信的标准接口,它允许主机将命令和数据发送到控制器,并且允许控制器将事件和数据发送到主机。HCI 实际由两个独立的部分组成:逻辑接口和物理接口。逻辑接口定义了命令和事件及其相关的行为,可以交付给任何物理传输,或者位于控制器上的本地应用程序编程接口交付给控制器,后者可以包含嵌入式主机协议栈。物理接口定义了命令、事件和数据如何通过不同的连接技术来传输。因为主机控制器接口存在于控制器和主机之内,位于控制器中的部分通常称为主机控制器接口的下层部分,位于主机中的部分通常称为主机控制器接口的上层部分。

2. 主机

主机包含复用层、协议和用来实现许多有用而且有趣的过程。主机构建与主机控制器接口的上层部分,其上为逻辑链路控制和适配协议（L2CAP）,一个复用层。在它上面是系统的两个基本构建块:安全管理器(用于处理所有认证和安全连接等事务)以及属性协议(用于公开设备上的状态数据)。属性协议之上为通用属性规范,定义属性协议是如何实现可重用服务的,这些服务公开了设备的标准特性。最后通用访问规范定义了设备如何以一种可交互方式找到对方并与之连接。

逻辑链路控制和适配协议（L2CAP）是低功耗蓝牙的复用层,该层定义了两个基本概念:L2CAP 信道和 L2CAP 信令。L2CAP 层类似物流部,是行李打包和拆封处,提供数据封装服务。L2CAP 信道是一个双向数据通道,通向对端设备上的某一特定的协议或规范。低功耗蓝牙中只使用固定信道:一个用于信令信道,一个用于安全管理器,还有一个用于属性协议。

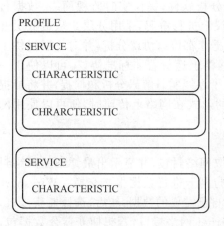

图 7.3 GATT 规范层次

GAP 层为通用访问规范,定义了设备如何发现、连接以及为用户提供有用的信息,BLE 蓝牙低功耗设备的链接与加密、签名协议的协商在这一层。BLE 有两种安全模式,分别为 Security Mode 1 和 Security Mode 2。Security Mode1 模式负责"加密",它含有三个安全等级:Level one,Level two 和 Level three,依次是无认证无加密,链路模式;带加密的未认证配对;带加密的认证配对。这三种等级中安全性依次升高,而现今大多数移动智能终端都采用第一种安全性最低的加密方式,这就有着很大的安全隐患与漏洞,也为本章的研究提供了可能。

GATT 层为通用属性协议,负责两个设备间通信的数据交互,是对功能数据最为重要的部分。属性协议定义了访问对端设备上数据的一组规则,数据存储在属性服务器的"属性"里,供属性客户端执行读写操作,结构如图 7.3 所示。

3. 应用层

控制器和主机之上是应用层。应用层规约定义了三种类型:特性（characteristic）、服务（service）和规范（profile）。这些规约均构建在通用属性规范上,通用属性规范为特性和服务定义了属性分组,应用程序为使用这些组定义了规约。

7.1.3 捕获嗅探工具介绍

1. J-Link

J-Link 是一款支持仿真 ARM 内核芯片的 JTAG 仿真器,可以配合 IAR EWAR,ADS,KEIL,WINARM 等集成开发环境的内心芯片仿真,与 Keil 等编译变换无缝对接,最大下载速度可提升到 1Mbit/s。JTAG(Joint Test Action Group)是一种国际标准测试协议,主要有两种功能,一种是用于测试芯片的电器特性,检测芯片是否有问题;另一种则是用于 Debug,对各类芯片以及其外围设备进行调试。使用 J-Link 仿真器,可便于低功耗蓝牙嗅探器与电脑的连接、数据传输通信与调试。

2. 蓝牙嗅探器 Nrf51822

BLE USB Dongle 是蓝牙芯片厂商为了方便开发者能够方便使用蓝牙产品通信,推出的集成蓝牙芯片 USB 模式,可进行方便的蓝牙透传测试,烧入 Sniffer 固件可利用这个设备捕捉并分析附近的蓝牙通信,然后将数据通过 USB 串口输出到计算机上。

Nrf51822 就是其中的一种芯片,它整合了 Nordic 一流的无线传送器,非常支持 Bluetooth(R)low energy 和专用的 2.4 GHz 协议栈。Nrf51822 为开发者提供了与应用代码隔离清晰的嵌入式协议栈,这意味着编译、链接、运行以及调试时不会因相互依赖而导致麻烦,BLE 协议栈已由 Nordic 预先编译,仅需独立编译应用部分代码即可。且 Nrf51 系列芯片引脚兼容,可在不修改 layout 的情况下,在 BLE/ANT 等技术间进行移植。通用的硬件结构保证了代码可以方便地在使用 nRF51 系列芯片的设备中重用。

3. Sniffer 嗅探器

Sniffer 嗅探器是一款网络管理和应用故障诊断分析软件,提供实时监视网络、数据包捕获以及故障诊断分析。它可以在全部七层 OSI 协议上进行解码,采用分层式从最低层开始一直到第七层,甚至对 Oracle 数据库、SYBASE 数据库都可以协议分析,并对每层提供了多种解码窗口。Sniffer 可以进行强制解码功能,若网络上运行着非标准协议,可以使用一个现有标准协议样板区尝试解释捕获的数据,它提供了在线实时解码分析和捕捉,并将捕捉的数据存盘后进行解码分析的功能。当信息以明文的形式在网络上传输时,便可以使用网络监听的方式来进行攻击。

4. Wireshark 软件

Wireshark 是一个网络封包分析软件,功能是截取网络封包,并显示出最详细的网络封包资料。Wireshark 使用 WinPCAP 作为接口,直接与网卡进行数据报文交换。Wireshark 在工作中,首先,要确定 Wireshark 的位置,以便捕获自己需要的数据;然后,选择捕获接口,若要捕获到与网络相关的数据包,就选择连接到 Internet 网络接口,若想捕获蓝牙数据包,就连接到 Bluetooth 接口;其次,使用捕获过滤器、显示过滤器、着色规则;最后,构建图表重组数据。

7.2 蓝牙数据捕获与分析

7.2.1 数据捕获

1. J-Link 配置与启动

J-Link 的配置需要 J-Link 驱动,将下载好的驱动解压进行安装,安装完成后就插入

J-Link,系统会检测到然后自动安装驱动。如果没有自动安装,则需要将驱动程序位置指向到 J-Link 软件目录下的 Driver 文件夹,安装成功后如图 7.4 所示。

　　J-Link 用来进行设置和测试,连接好 J-Link 后打开该软件查看 J-Link 连接是否正常,正常显示如图 7.5 所示。

　　此时将 nRF51822 与 J-Link 连接,打开 nRFgo Studio,单击 nRF programming,打开 application 界面,单击 erase all 将原有程序擦除,再把 Sniffer 的 fireware 烧录进去,此时 nRF 芯片就变成了一个抓包器,如图 7.6 所示。

图 7.4　J-Link 安装

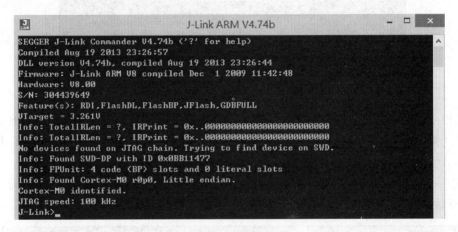

图 7.5　J-Link 安装成功

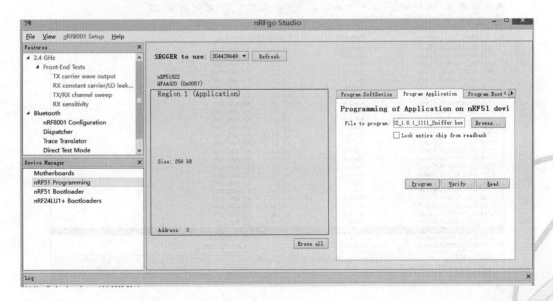

图 7.6　nRFgo Studio 烧录 Sniffer 固件

2. Wireshark 抓取数据包

　　将 Sniffer 固件烧录进芯片后,nRF 芯片就变成了一个可以嗅探周围设备的嗅探器。打开 Sniffer 软件,嗅探到的蓝牙设备如图 7.7 所示。

图 7.7　嗅探周围设备

从图 7.7 中可以看到一共有四个蓝牙设备，并且显示了每个设备的 MAC 地址。以小米手环为例，在小米手环配备的移动客户端小米运动上，可以查阅到手环的 MAC 地址是 88:0F:10:87:A4:08，图 7.7 中的第三个设备，所以用键盘选中设备 2。

在 Sniffer 命令行下按下 ctrl＋A 键可以直接打开 Wireshark 抓取该手环的蓝牙数据包，打开后如图 7.8 所示。

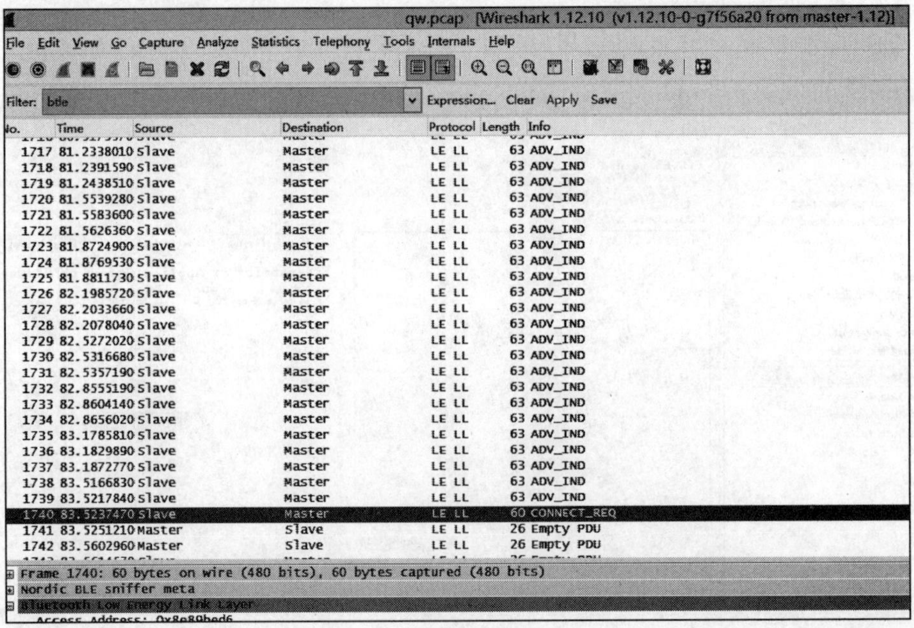

图 7.8　wireshark 抓取数据包

从图 7.8 可以看到主从设备分别以 slave 和 master 显示，这与之前介绍的背景知识相一致，即在低功耗蓝牙的一次通信中，主从设备的角色不能更换，主设备以 master 标识，从设备以 slave 标识。

其中 ADV_IND 是蓝牙设备的广播包，即通用广播包。当 slave（小米手环）向 master（手机）发送 CONNECT_REQ 后，表明手环已经与手机连接成功了。

7.2.2 蓝牙数据包分析与连接

1. 蓝牙数据包分析

对 COONECT_REQ 进行分析，可以知道 BLE 这 40 个信道哪些已经被占用，哪些可以使用。数据包数据如图 7.9 所示，可以得到 BLE 的信道间距 2 MHz，有 3 个不可使用的广播信道 37、38、39，与 BLE 原理介绍符合。

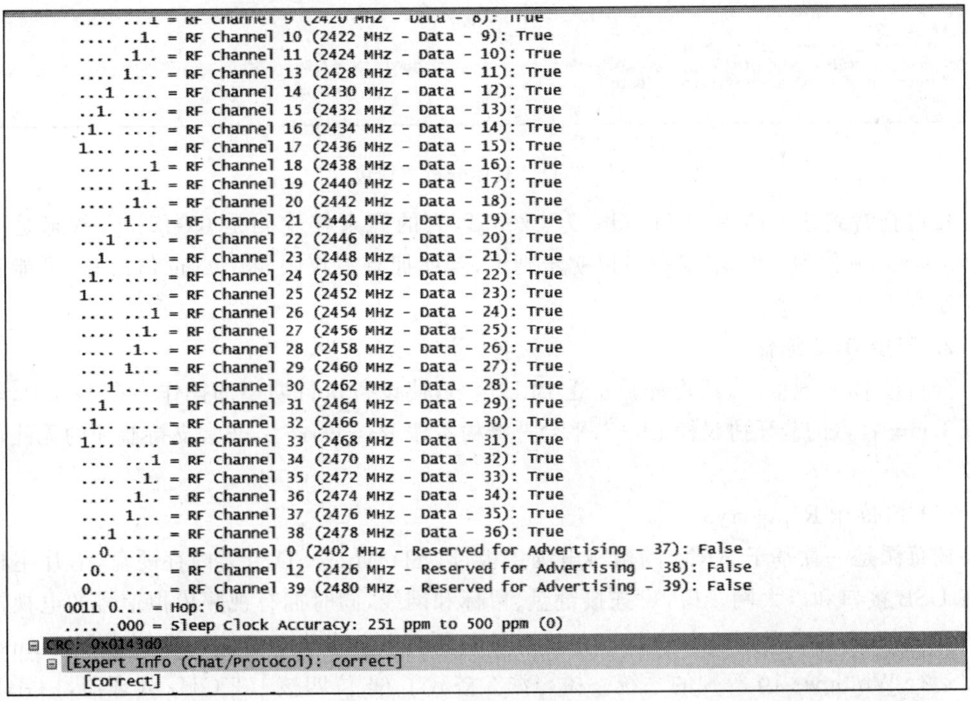

```
.... ...1 = RF Channel 9 (2420 MHz - Data - 8): True
.... ..1. = RF Channel 10 (2422 MHz - Data - 9): True
.... .1.. = RF Channel 11 (2424 MHz - Data - 10): True
.... 1... = RF Channel 13 (2428 MHz - Data - 11): True
...1 .... = RF Channel 14 (2430 MHz - Data - 12): True
..1. .... = RF Channel 15 (2432 MHz - Data - 13): True
.1.. .... = RF Channel 16 (2434 MHz - Data - 14): True
1... .... = RF Channel 17 (2436 MHz - Data - 15): True
.... ...1 = RF Channel 18 (2438 MHz - Data - 16): True
.... ..1. = RF Channel 19 (2440 MHz - Data - 17): True
.... .1.. = RF Channel 20 (2442 MHz - Data - 18): True
.... 1... = RF Channel 21 (2444 MHz - Data - 19): True
...1 .... = RF Channel 22 (2446 MHz - Data - 20): True
..1. .... = RF Channel 23 (2448 MHz - Data - 21): True
.1.. .... = RF Channel 24 (2450 MHz - Data - 22): True
1... .... = RF Channel 25 (2452 MHz - Data - 23): True
.... ...1 = RF Channel 26 (2454 MHz - Data - 24): True
.... ..1. = RF Channel 27 (2456 MHz - Data - 25): True
.... .1.. = RF Channel 28 (2458 MHz - Data - 26): True
.... 1... = RF Channel 29 (2460 MHz - Data - 27): True
...1 .... = RF Channel 30 (2462 MHz - Data - 28): True
..1. .... = RF Channel 31 (2464 MHz - Data - 29): True
.1.. .... = RF Channel 32 (2466 MHz - Data - 30): True
1... .... = RF Channel 33 (2468 MHz - Data - 31): True
.... ...1 = RF Channel 34 (2470 MHz - Data - 32): True
.... ..1. = RF Channel 35 (2472 MHz - Data - 33): True
.... .1.. = RF Channel 36 (2474 MHz - Data - 34): True
.... 1... = RF Channel 37 (2476 MHz - Data - 35): True
...1 .... = RF Channel 38 (2478 MHz - Data - 36): True
..0. .... = RF Channel 0 (2402 MHz - Reserved for Advertising - 37): False
.0.. .... = RF Channel 12 (2426 MHz - Reserved for Advertising - 38): False
0... .... = RF Channel 39 (2480 MHz - Reserved for Advertising - 39): False
0011 0... = Hop: 6
.... .000 = Sleep Clock Accuracy: 251 ppm to 500 ppm (0)
CRC: 0x0143d0
[Expert Info (Chat/Protocol): correct]
[correct]
```

图 7.9　分析数据包数据

然后用手机对小米手环发送命令，分别发送来电显示手环震动的命令和短信提醒手环震动的命令，查看命令的数据包，如图 7.10 及图 7.11 所示。

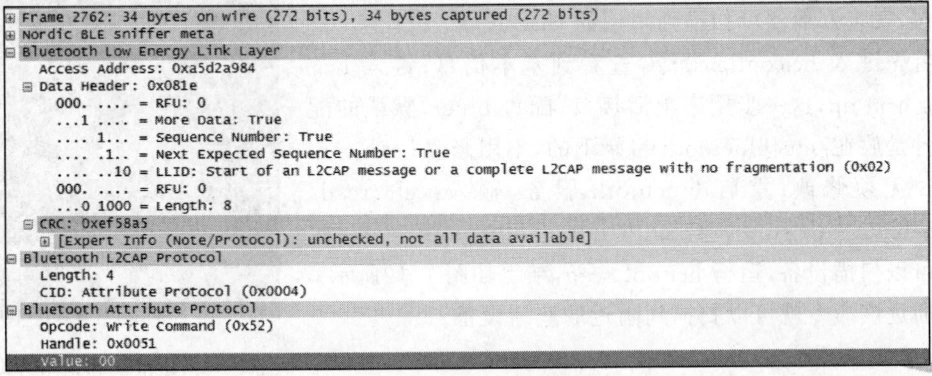

```
Frame 2762: 34 bytes on wire (272 bits), 34 bytes captured (272 bits)
Nordic BLE sniffer meta
Bluetooth Low Energy Link Layer
    Access Address: 0xa5d2a984
    Data Header: 0x081e
        000. .... = RFU: 0
        ...1 .... = More Data: True
        .... 1... = Sequence Number: True
        .... .1.. = Next Expected Sequence Number: True
        .... ..10 = LLID: Start of an L2CAP message or a complete L2CAP message with no fragmentation (0x02)
        000. .... = RFU: 0
        ...0 1000 = Length: 8
    CRC: 0xef58a5
        [Expert Info (Note/Protocol): unchecked, not all data available]
Bluetooth L2CAP Protocol
    Length: 4
    CID: Attribute Protocol (0x0004)
Bluetooth Attribute Protocol
    Opcode: Write Command (0x52)
    Handle: 0x0051
    value: 00
```

图 7.10　具体分析数据包

```
                          2578 101.917258000 Slave Master ATT 34 Rcvd Handle Value Notification, Hand
⊞ Frame 2578: 34 bytes on wire (272 bits), 34 bytes captured (272 bits)
⊞ Nordic BLE sniffer meta
⊟ Bluetooth Low Energy Link Layer
    Access Address: 0xa5d2a984
  ⊟ Data Header: 0x0806
       000. .... = RFU: 0
       ...0 .... = More Data: False
       .... 0... = Sequence Number: False
       .... .1.. = Next Expected Sequence Number: True
       .... ..10 = LLID: Start of an L2CAP message or a complete L2CAP message with no fragmentation (0x02)
       000. .... = RFU: 0
       ...0 1000 = Length: 8
  ⊟ CRC: 0x12c048
     ⊟ [Expert Info (Note/Protocol): unchecked, not all data available]
         [unchecked, not all data available]
         [Severity level: Note]
         [Group: Protocol]
⊟ Bluetooth L2CAP Protocol
    Length: 4
    CID: Attribute Protocol (0x0004)
⊟ Bluetooth Attribute Protocol
    Opcode: Handle Value Notification (0x1b)
    Handle: 0x0016
    Value: 0e
```

图 7.11　具体分析数据包

可以查看到这个命令的 Handle 为 0x0051，它的冗余校验码是 0xef58a5，状态是可写（write），value 值为 00。本实验可以初步判定，若能拥有写权限，将 value 值改写，可能就会控制小米手环的震动。

2. 连接 BLE 通信

分析过 BLE 通信后，开始着手发送 BLE 信号，使设备执行期望的操作。在本章中，软件选择 Linux 官方的蓝牙协议栈 BlueZ，平台选择树莓派 Raspberry 3，非常支持蓝牙的无线通信协议。

（1）树莓派 Rspberry3

树莓派是一款基于 ARM 的微型电脑主板，以 SD/MicroSD 卡为内存硬盘，卡片主板周围有 USB 接口和以太网接口，可连接键盘、鼠标和网线，同时拥有视频模拟信号的电视输出接口和 HDMI 高清视频输出接口。它基本具备所有 PC 的基本功能。系统基于 Linux，也可以运行 Windows 10 等别的系统。树莓派 3 搭载了 64 位四核 1.2 GHz 处理器，1 GB LP-DDR2 内存，与现在已发布的应用程序完全兼容。在网络方面，802.11nWi-Fi 和蓝牙支持也被树莓派 3 直接板载。

（2）Bluez 自带 hcitool 扫描器

Bluez 是基于 Linux 的蓝牙官方协议栈，它含有 hcitool 扫描包，安装好后便可扫描到附近的 BLE 设备。

首先键入 hciconfig 命令，查看到基本信息；键入 hci-config hci0 up，这一步用来激活接口；配置 bluez，默认的配置文件是放在/etc/bluetooth 目录下的，不用修改 hcid. conf 和 pin 无须修改；重启 bluetooth 服务，输入:/etc/rc. d/init. d/bluetooth stop /etc/rc. d/init. d/bluetooth start，此时就可以扫描设备，运行 hcitool scan，结果如图 7.12 所示。

通过该命令就可以扫描到附近的蓝牙设备。

图 7.12　hcitool 扫描附近设备

3. 实现方法

配置树莓派 Raspberry 3，因为 Raspberry 为 Linux 系统，自带蓝牙官方 BlueZ 协议栈，所以将 Raspberry 3 配置好后，只需要安装相关的更新包命令与工具便可以使用。然后小米手环就可以从 PC 端键入命令，达到对小米手环的控制。

7.3 蓝牙认证破解与伪造通信

本章节设计并实现的个人信息保密系统主要是通过实现磁盘创建、挂载、卸载、删除和文件管理功能来保护信息的安全。本章节阐述了个人信息保密系统主要功能的设计和实现过程。

7.3.1 树莓派连接

树莓派 Raspberry 3 需要外接键入设备，在本节中采用 ssh 登录方式用电脑对树莓派 Raspberry3 进行操作控制。

SSH(Secure Shell)为安全外壳协议，是建立在应用层和传输层基础上的安全协议，它是目前比较可靠、专为远程登录会话和其他网络服务提供安全性的协议。利用 SSH 协议可以有效防止远程管理过程中的信息泄露问题。它最初是 Unix 系统上的一个程序，后来又迅速扩展到其他操作平台。传统的 FTP、pop 和 telnet 这些协议其实都具有不安全性，它们都用明文在网络上传输口令和数据，并且这些服务协议的安全认证方式也具有漏洞，很容易受到中间人攻击。通过 SSH，将所有需要传输的数据进行加密，中间人攻击就无法实现。因为研究人员不知道双方采用的是怎样的加密方式以及运用的密钥，所以无法破解密文也无法伪造明文。而且 SSH 还可以防止 DNS 欺骗和 IP 欺骗，它传输的数据是经过压缩的，所以也加快了数据传输的速度。

SSH 提供两种级别的安全验证：一种是基于口令的安全验证，另一种是基于密钥的安全验证。基于口令的安全认证中，只需要提供账号和口令，就可以登录到远程主机，所有的传输数据都是被加密的；而第二种级别即基于密钥的安全验证中，需要依靠密钥，用户需要为自己创建一对密钥，并把公用密钥放在服务器上，若要访问该服务器，客户端软件就会向服务器发出请求，请求用客户的密钥进行安全验证。在本章中，连接树莓派 Raspberry 3 采用的是第一种安全验证方式。

1. 连接到树莓派

在 PC 上开启热点，因树莓派屏幕无法键入，本实验中 Wi-Fi 设置为无密码。这样可以保证树莓派与 PC 在同一个局域网内，方便在 PC 上找到树莓派的 IP 地址，进行 SSH 远程登录。

在命令行内输入 ipconfig，找到本机所在局域网的网关为 172.22.46.1，再输入 arp -a，找到树莓派的 IP 地址，如图 7.13 所示。

树莓派的 IP 地址为 172.22.46.2。本实验中使用 PuTTY 进行远程登录主机，远程登录的名称中输入树莓派的 IP 地址，如图 7.14 所示。

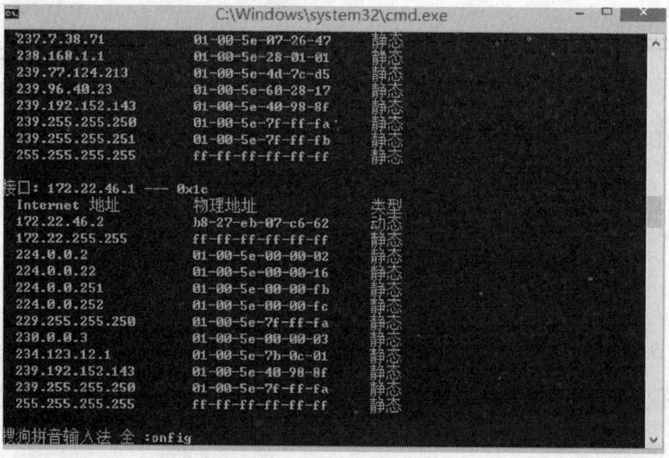

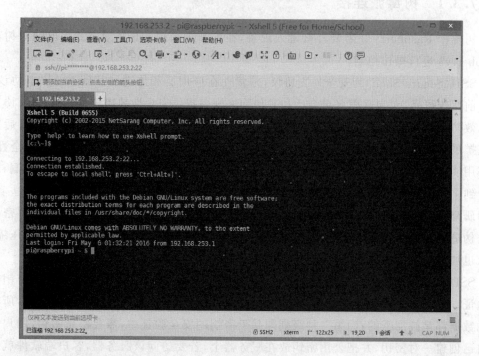

图 7.13　查找树莓派 IP 地址

图 7.14　连接到树莓派

使用 SSH 登录树莓派的用户名是 pi，密码是 raspberry，登录成功后可在命令行中对树莓派进行操作。为了让树莓派可以正常开启 bluez 协议栈及正常使用 bluez 自带的 hcitool 工具，本实验在根目录/etc/sources. list 里输入关于树莓派的内容：deb http://archive. raspbian. org/raspbian wheezy main contrib non-free，deb-src http://archive. raspbi-an. org/raspbian wheezy main contrib non-free，如图 7.15 所示。接着输入 su 命令进行提权，将树莓派用户权限提升为管理员权限，然后输入 sudo apt-get update 进行数据包的更新下载，如图 7.16 所示。

等待下载过程，如图 7.17 所示。

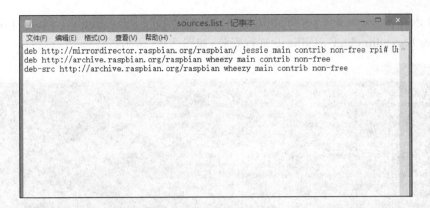

图 7.15　添加命令

```
[c:\~]$

Connecting to 192.168.253.2:22...
Connection established.
To escape to local shell, press 'Ctrl+Alt+]'.


The programs included with the Debian GNU/Linux system are free software;
the exact distribution terms for each program are described in the
individual files in /usr/share/doc/*/copyright.

Debian GNU/Linux comes with ABSOLUTELY NO WARRANTY, to the extent
permitted by applicable law.
Last login: Fri May  6 01:32:21 2016 from 192.168.253.1
pi@raspberrypi ~ $ su
Password:
root@raspberrypi:/home/pi# sudo apt-get update
Hit http://archive.raspberrypi.org jessie InRelease
Hit http://archive.raspberrypi.org jessie/main Sources
Hit http://archive.raspberrypi.org jessie/ui Sources
Hit http://archive.raspberrypi.org jessie/main armhf Packages
Hit http://archive.raspberrypi.org jessie/ui armhf Packages
Get:1 http://mirrordirector.raspbian.org jessie InRelease [15.0 kB]
Get:2 http://mirrordirector.raspbian.org jessie/main armhf Packages [8,965 kB]
10% [2 Packages 50.5 kB/8,965 kB 1%] [Waiting for headers]
```

图 7.16　安装包

```
Get:1 http://mirrordirector.raspbian.org jessie InRelease [15.0 kB]
Get:2 http://mirrordirector.raspbian.org jessie/main armhf Packages [8,965 kB]
Ign http://archive.raspberrypi.org jessie/main Translation-en_GB
Ign http://archive.raspberrypi.org jessie/main Translation-en
Ign http://archive.raspberrypi.org jessie/ui Translation-en_GB
Ign http://archive.raspberrypi.org jessie/ui Translation-en
Get:3 http://mirrordirector.raspbian.org jessie/contrib armhf Packages [37.5 kB]
Get:4 http://mirrordirector.raspbian.org jessie/non-free armhf Packages [70.3 kB]
Get:5 http://mirrordirector.raspbian.org jessie/rpi armhf Packages [1,356 B]
Ign http://mirrordirector.raspbian.org jessie/contrib Translation-en_GB
Ign http://mirrordirector.raspbian.org jessie/contrib Translation-en
Ign http://mirrordirector.raspbian.org jessie/main Translation-en_GB
Ign http://mirrordirector.raspbian.org jessie/main Translation-en
Ign http://mirrordirector.raspbian.org jessie/non-free Translation-en_GB
Ign http://mirrordirector.raspbian.org jessie/non-free Translation-en
Ign http://mirrordirector.raspbian.org jessie/rpi Translation-en_GB
Ign http://mirrordirector.raspbian.org jessie/rpi Translation-en
Fetched 9,089 kB in 54s (168 kB/s)
Reading package lists... Done
root@raspberrypi:/home/pi# sudo apt-get install libusb-dev libdbus-1-dev libglib2.0-dev libudev-dev libical-dev l
ibreadline-dev
```

图 7.17　等待安装过程

再输入命令 sudo apt-get install libusb-dev libdbus-l-dev libglib2.0-dev libudev-dev libical-dev libreadline-dcv 对 libusb 进行安装,如图 7.18 所示。

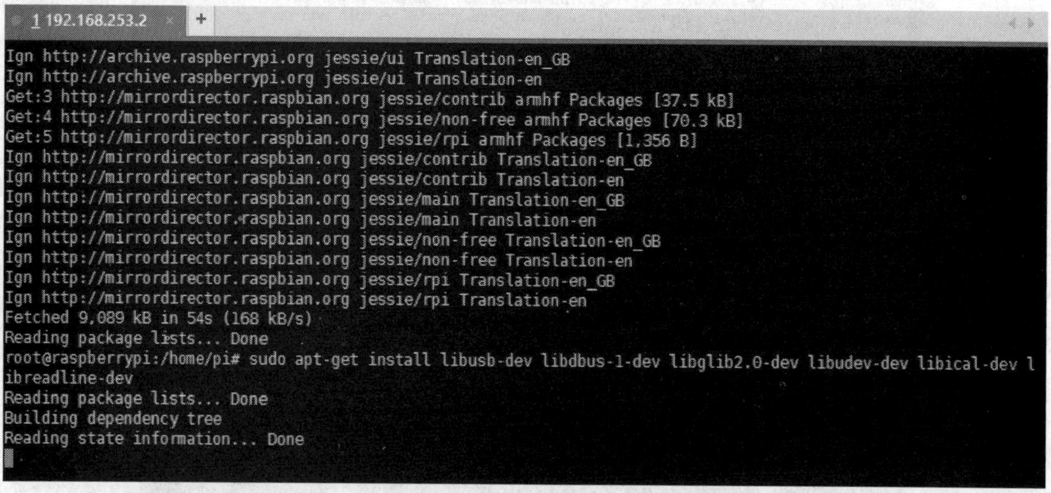

图 7.18　对 libusb 进行安装

安装成功后输入命令 sudo apt-get install libusb-dev libdbus-l-dev libdbus-l-dev libglib2.0-dev libudev-dev libical-dev libreadline-dev 等待安装,如图 7.19 所示。

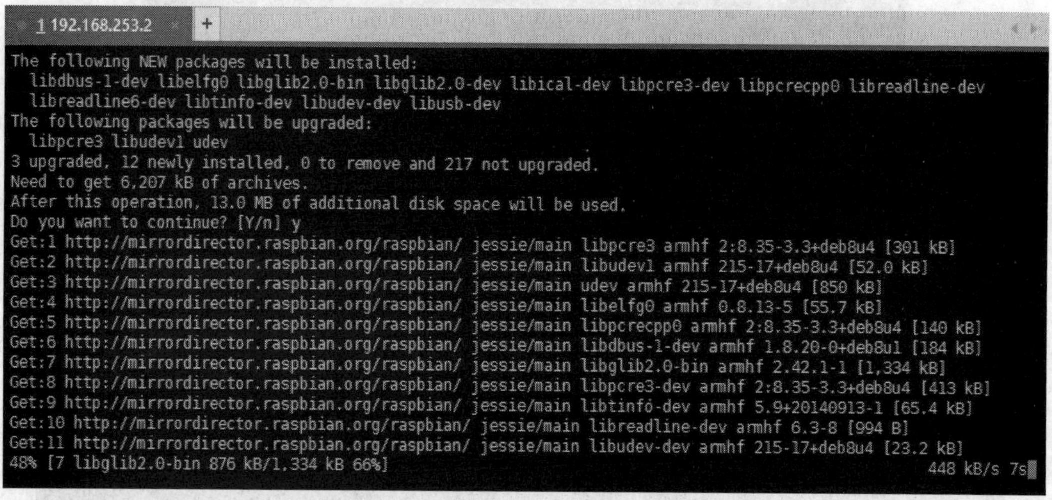

图 7.19　对 libdbus 进行安装

从图 7.20 及图 7.21 中可以看出 bluez 协议包已经安装成功,此时在命令行里打开 bluez 安装包查看此时再键入 sudo ./configure-disable-systemd 对系统的 bluez 进行提权。

从图 7.22 可以看到系统在 checking 和 config,表示系统此时在检查 bluez 协议栈的安装情况。

此时目录已进入/home/pi/bluez-5.39# sudo make install,将 bluez 所有的附件进行安装,安装过程如图 7.23 所示。

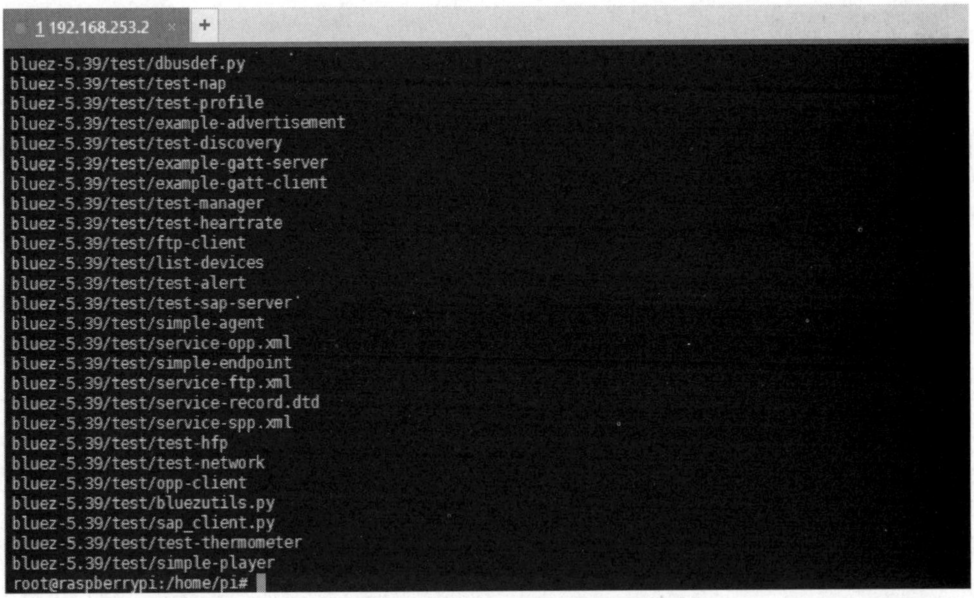

图 7.20　对 bluez 进行安装

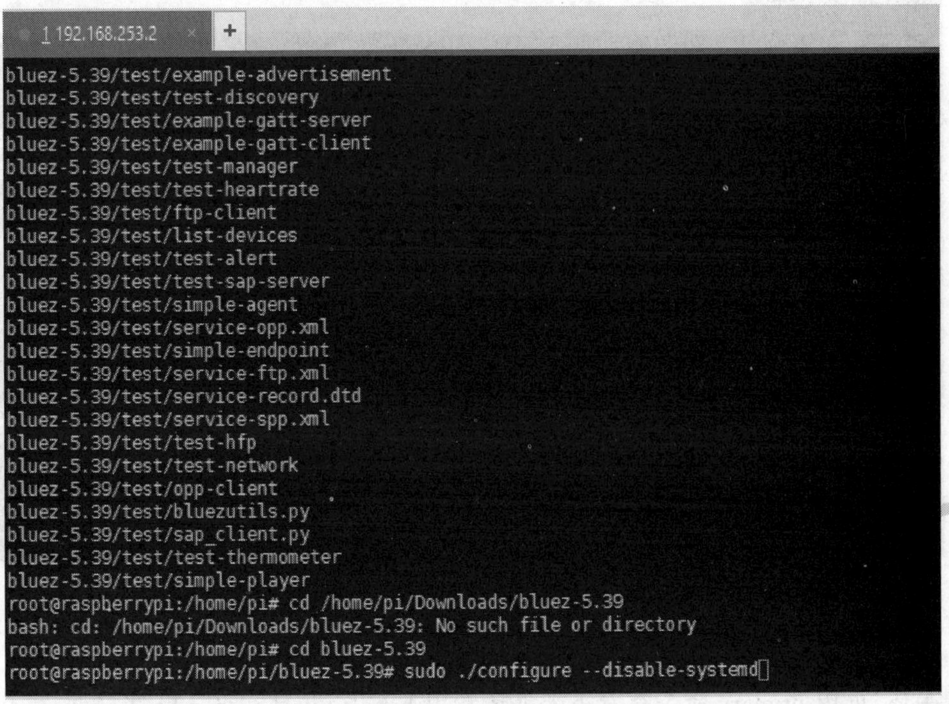

图 7.21　bluez 安装成功

安装好后,因为之后会用到 bluez 官方协议栈自带的 hcitool 工具,这里输入 hcitool dev 命令查看是否成功安装,如图 7.24 所示。

检测到 hcitool 工具已安装好,输入命令 hcitool lescan 扫描附近的设备,可以查看到 88:0F:10:87:A4:08 MI,即为本实验研究所用的小米手环的 MAC 地址,如图 7.25 所示。

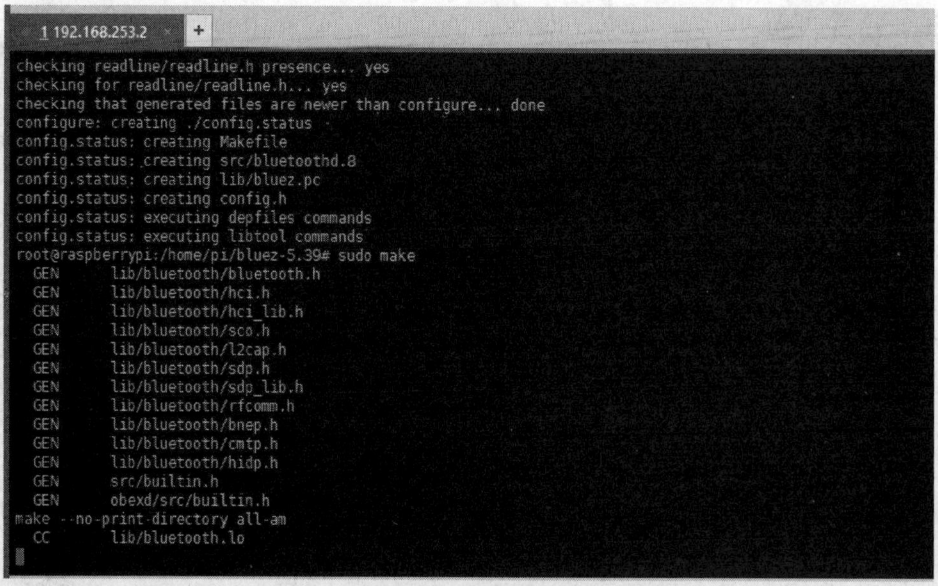

图 7.22　检查 bluez 安装情况

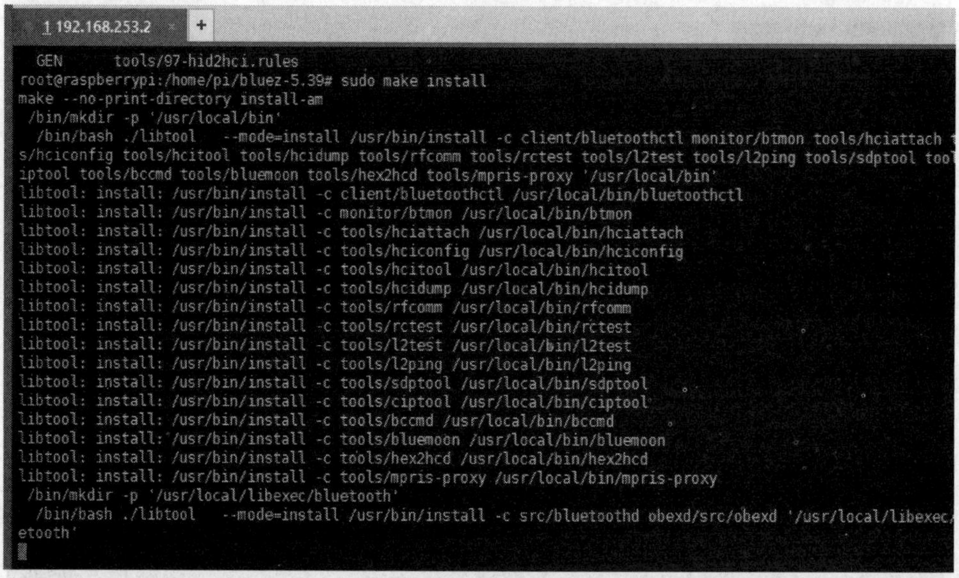

图 7.23　安装 bluez 所有附件

输入命令：sudo gatttool-I hci0-b 88：0F：10：87：A4：08-I，继而输入 connect 连接到小米手环，再用 primary 命令查看小米手环常用 handle，并且在 handle 里还显示了具体的 uuid。其中 handle 是操作句柄，唯一表征一个操作，相当于 characteristic 的基址，是真正的通信地址。uuid 对应一个 chrarcteristic，可以通过具体的 uuid 找到操作内容，如图 7.26 所示。

为查看对小米手环有哪些具体操作权限以及对应的命令语句，本实验中输入 help 命令，操作如图 7.27 所示，分别为：exit，quit，connect，disconnect，primary，included，charac-

图 7.24　安装 hcitool

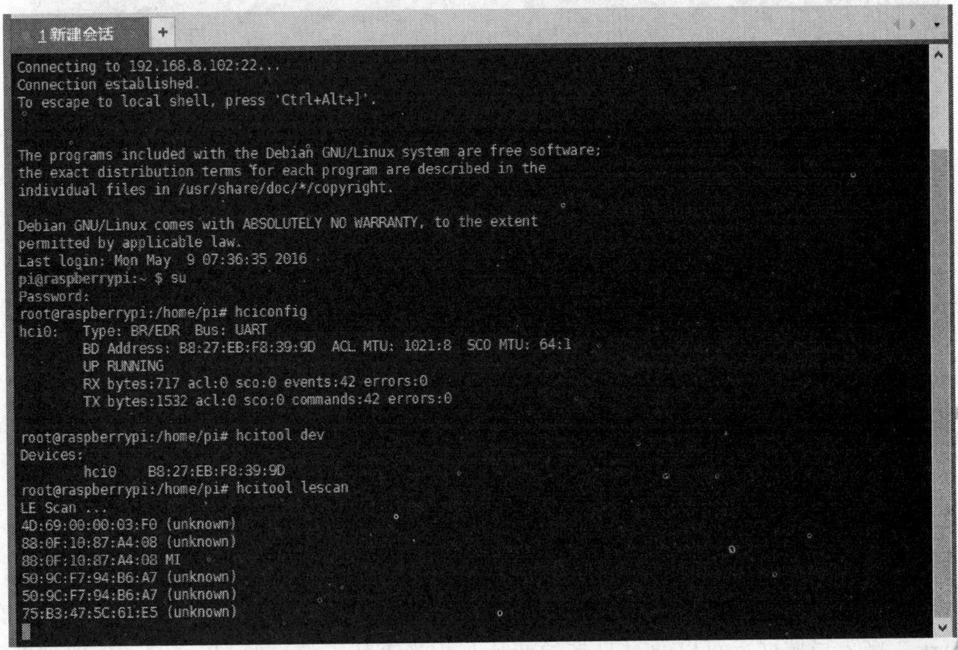

图 7.25　LE SCAN 扫描到旁边的设备

teristics，char-desc，char-read-hnd，char-read-uuid，char-write-req，char-write-cmd，sec-level，mtu，下面就是要通过对这些命令的不断尝试，逐步找出如何更改小米手环的 uuid。

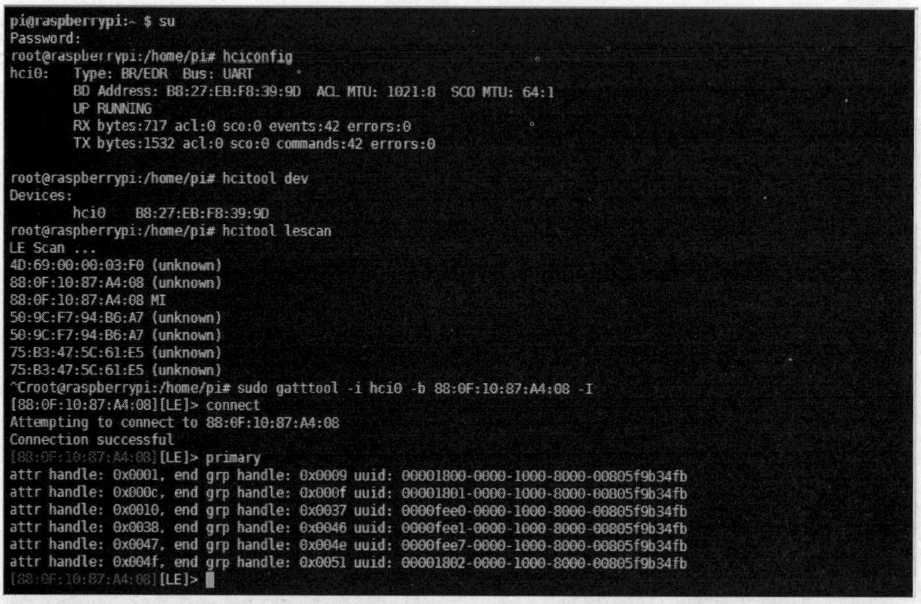

图 7.26　查看 uuid

图 7.27　用 help 命令查看具体命令

2. 实现方法

树莓派 Raspberry 3 为平台，采用 SSH 登录的方式进行连接，选用 Xshell 5 和 Xftp 4 工具作为 SSH 登录的工具。二者结合可以安全连接到树莓派 Raspberry 3，而树莓派 Raberry 3 接入局域网后可以通过自带的蓝牙与小米手环连接，就可以通过 PC 端借助树莓派 Raspberry 3 为平台来输入和通信。

连接成功后需要配置树莓派 Raspberry 3 中的 BlueZ，BlueZ 为低功耗蓝牙官方协议栈，本章用到很多工具与命令都是这个官方协议自带的，所以需要对其进行配置。配置好后，才能对附近的蓝牙设备进行扫描，才能真正实现树莓派与小米手环的连接与通信。

7.3.2 蓝牙认证

抓取到小米手环具体的 handle 和私有 uuid 后,本实验需要通过小米手环的身份认证。通过身份认证后才能拥有对私有 uuid 的读写权限。

1. 尝试对手环权限进行读写

首先用 char-write-req 命令尝试对句柄进行写操作,这里选取了 0x0012 和 0x0019 这两个句柄,发现虽然显示 characteristic value was written successfully,但随之就会出现 command failed:disconnected,初步判断是没有通过蓝牙认证,所以在短暂地连接后就会断开,如图 7.28 所示。

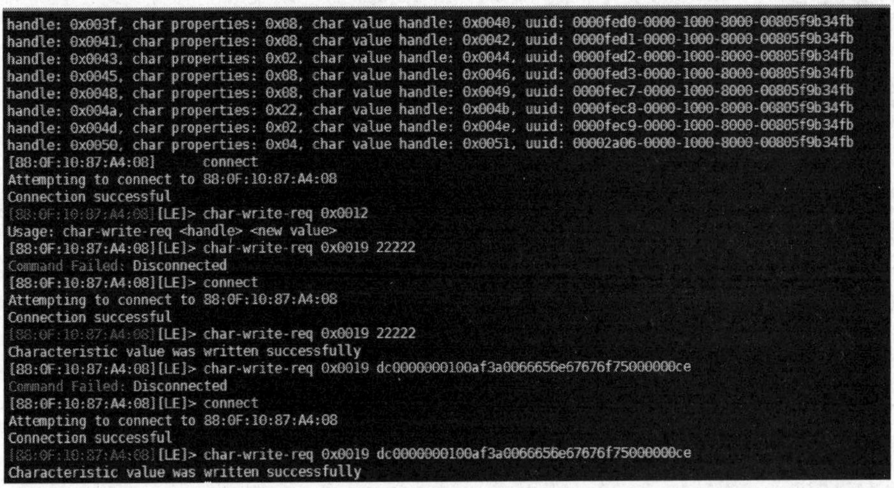

图 7.28 尝试连接小米手环

再尝试对 uuid 进行写操作,效果如图 7.29 所示,无任何直观效果。得到初步结论,应该不是对 uuid 进行读写,还是应从 handle 下手。

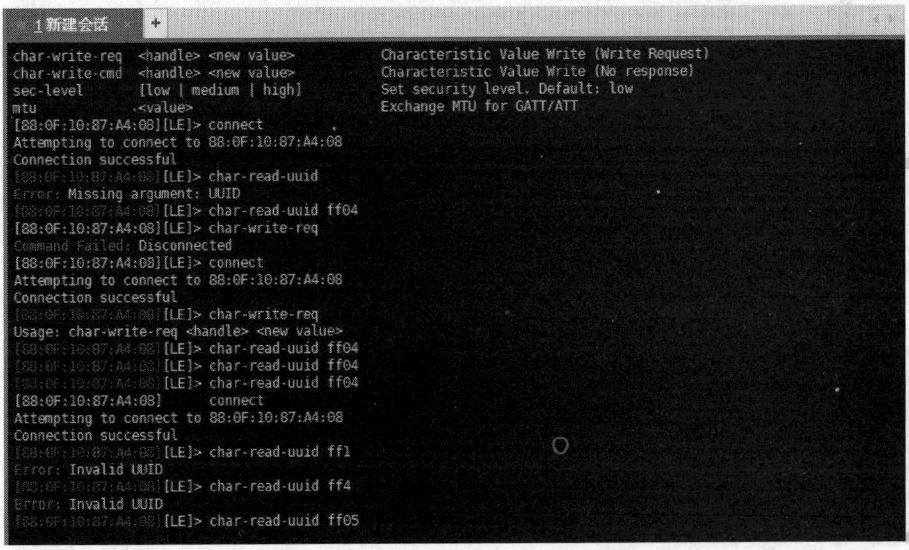

图 7.29 尝试用命令对 uuid 进行操作

2. 得到蓝牙认证的签名信息

再用 wireshark 对数据包抓取分析，找到手环与手机建立连接的数据包，如图 7.30 所示。

从图 7.30 中可以看到，在 Bluetooth Attribute Protocol 里分别给出了 Opcode，Handle，Value，Opcode 表示该项是什么操作，有 write，read 和 notify，这里显示是 write request 代码是 0x12；Handle 为 0x0019。所以后面的写操作针对的句柄就是 0x0019。

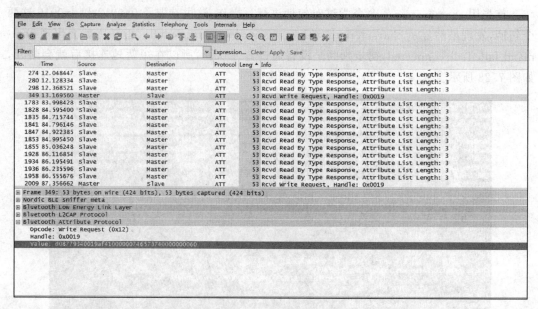

图 7.30　用 wireshark 抓取数据包

使用 uuid 在 Github 上搜寻相关的认证代码，找到了 pangliang 的一个 java 文件，如图 7.31 所示。

图 7.31　在 Github 上查找相关代码

代码为 GitHub-miband-sdk-android。

从这段代码中分析，最终写入 charachteristic 的内容是

userInfo. getBytes(device. getAddress());

public void setUserInfo(UserInfo userInfo)

{

　　BluetoothDevice device = this. io. getDevice();

　　this. io. writeCharateristic (Profile. UUID _ CHAR _ USER _ INFO, userInfo. getBytes (device. getAddress()),null);

}

userInfo. getBytes 的设计如下，做了简单注释：

public byte[] getBytes(String mBTAddress)

{

```
ByteBuffer bf = ByteBuffer. allocate(20);
bf. put((byte)(uid&0xff));              //uid
bf. put((byte)(uid>>8&0xff));
bf. put((byte)(uid>>16&0xff));
bf. put((byte)(uid>>24&0xff));
bf. put(this. gender);              //性别
bf. put(this. age);                //年龄
bf. put(this. height);             //身高
bf. put(this. type);               //类型
if(aliasBytes. length< = 10)
{
        bf. put(aliasBytes);
        bf. put(new byte[10 - aliasBytes. length]);
}
else
{
        Bf. put(aliasBytes,0,10);
}
byte[] crcSequence = new byte[19];    //取出用户信息的前 19 个字节
for (int u = 0;u<crcSwquence. length;u + + )
        crcSequence[u] = bf. array()[u];
```
byte crcb;

crcb = （byte）((getCRC8 (crcSequence) ^ Integet. parseInt (mBTAddress. substring (mB TAd-dress. length() - 2),16))&0xff);

```
bf. put(crcb);                     //将签名跟前面的用户信息拼接
return bf. array();                //最终写入 characteristic 的内容
```

阅读以上代码,蓝牙的身份认证其实就是将小米手环的前 19 位数据与 MAC 地址的最后两位异或为 16 Byte 数据,再转为 2 Byte 的 hex 的签名结果。但它只鉴别了是否是前两者异或的结果,如果异或的过程和结果是正确的,它就通过了身份认证,如果并不是前两者的异或,则无法通过验证。本实验只要随便输入两组数据,使得最后的签名是二者的异或就好,无所谓具体的用户名和密码是否正确。

7.3.3　构造签名

根据蓝牙认证的算法,本实验用 Java 程序构造出签名的实现过程,代码如下:

```
Public static UserInfo mUserInfo;
mUserInfo = new UserInfo(uid,gender,age, height,weight,alias,type);
public static void main(String[]args){
    byte[] mBin = mUserInfo. getBytes(BTAddress);
    String mhex = BinaryToHexString(mBin);
    System. out. println(mhex);
}
public static String BinaryToHexString(byte[] bytes){
```

```
String result = "";
String hex = "";
for(int i = 0;i<bytes. length;i + + ){
//字节高 4 位
hex + = String. value. 0f(hexStr. charAt((bytes[i]&0xF0)>>4));
//字节低 4 位
hex + = String. valueOf(hexStr. charAt(bytes[i]&0x0F));
result + = hex + " ";
}
```

通过该段代码,本实验就可以随意生成蓝牙认证算法里的签名。

7.3.4 伪造通信

1. 构造签名通过认证

小米手环的个人信息抓取如下,根据算法需要,只需 uid、性别、身高体重、昵称第一 Byte 凑齐 19 Byte,具体如表 7.1 所示。然后根据计算结果签名为 CE。

表 7.1

uid	性别	身高 & 体重	昵称第 1 Byte 凑齐 19 Byte	MAC 最后 2 Byte
dc000000	0100	af3a00	6	FC

以 0x0019 为句柄,以整个信息加签名整体作为输入,尝试通过蓝牙认证,如图 7.32 所示。

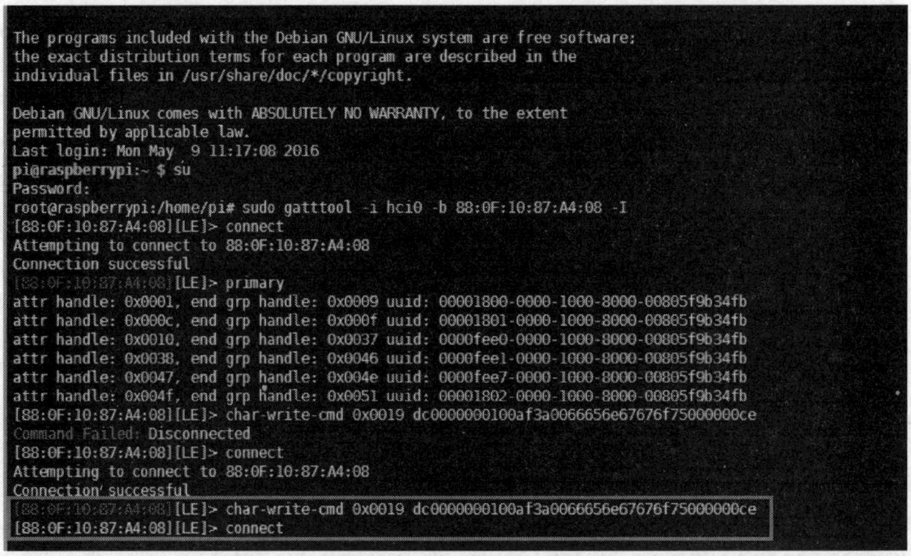

图 7.32 尝试通过蓝牙认证

发现已成功连接,这时就可以用句柄或者 uuid 尝试对小米手环进行读写,如图 7.33 所示。

2. 伪造通信

首先尝试对 uuid 使用 char-write-req 命令进行改写,没有直观结果,有的也没有写权限,显示的是失败状态,如图 7.34 所示。

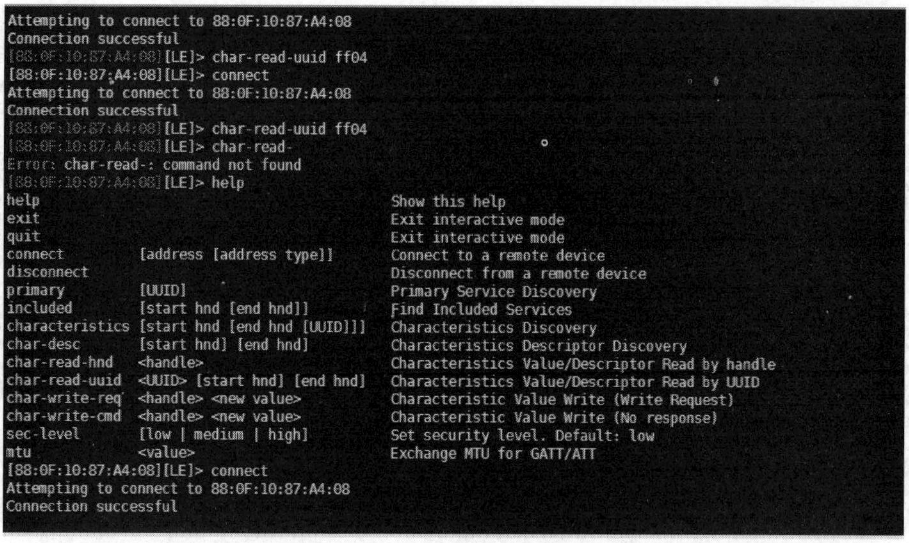

图 7.33　尝试对句柄和 uuid 进行改写

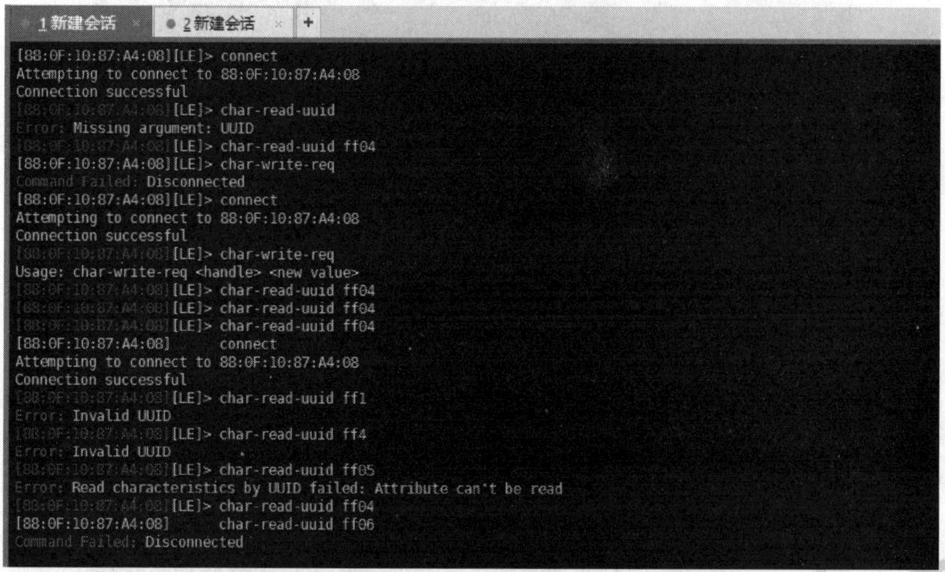

图 7.34　尝试用 char-write-req 命令对 uuid 写操作

再键入 characteristics 查看到所有句柄，以便下面对句柄进行写操作，如图 7.35 所示。

找到 0x0019 这个句柄，由前面的知识可知，句柄实质是一个通信地址，本实验要想办法改写这个句柄里的 value 值，使得小米手环产生想要的操作，即在没有任何信息和来电的情况下产生震动。

连接到该句柄后，发现输入 sec-level 可以改变它的值，即可以把 sec-level 值改成 high 与 low 这两种不同的等级。但是这两种安全等级的变化，对于小米手环的外观没有任何变化，所以需要继续尝试别的句柄和命令，如图 7.37 所示。

```
Connection successful
[88:0F:10:87:A4:08][LE]> characteristics
handle: 0x0002, char properties: 0x02, char value handle: 0x0003, uuid: 00002a00-0000-1000-8000-00805f9b34fb
handle: 0x0004, char properties: 0x02, char value handle: 0x0005, uuid: 00002a01-0000-1000-8000-00805f9b34fb
handle: 0x0006, char properties: 0x0a, char value handle: 0x0007, uuid: 00002a02-0000-1000-8000-00805f9b34fb
handle: 0x0008, char properties: 0x02, char value handle: 0x0009, uuid: 00002a04-0000-1000-8000-00805f9b34fb
handle: 0x000d, char properties: 0x22, char value handle: 0x000e, uuid: 00002a05-0000-1000-8000-00805f9b34fb
handle: 0x0011, char properties: 0x02, char value handle: 0x0012, uuid: 0000ff01-0000-1000-8000-00805f9b34fb
handle: 0x0013, char properties: 0x0a, char value handle: 0x0014, uuid: 0000ff02-0000-1000-8000-00805f9b34fb
handle: 0x0015, char properties: 0x12, char value handle: 0x0016, uuid: 0000ff03-0000-1000-8000-00805f9b34fb
handle: 0x0018, char properties: 0x0a, char value handle: 0x0019, uuid: 0000ff04-0000-1000-8000-00805f9b34fb
handle: 0x001a, char properties: 0x08, char value handle: 0x001b, uuid: 0000ff05-0000-1000-8000-00805f9b34fb
handle: 0x001c, char properties: 0x12, char value handle: 0x001d, uuid: 0000ff06-0000-1000-8000-00805f9b34fb
handle: 0x001f, char properties: 0x12, char value handle: 0x0020, uuid: 0000ff07-0000-1000-8000-00805f9b34fb
handle: 0x0022, char properties: 0x04, char value handle: 0x0023, uuid: 0000ff08-0000-1000-8000-00805f9b34fb
handle: 0x0024, char properties: 0x1a, char value handle: 0x0025, uuid: 0000ff09-0000-1000-8000-00805f9b34fb
handle: 0x0027, char properties: 0x0a, char value handle: 0x0028, uuid: 0000ff0a-0000-1000-8000-00805f9b34fb
handle: 0x0029, char properties: 0x0a, char value handle: 0x002a, uuid: 0000ff0b-0000-1000-8000-00805f9b34fb
handle: 0x002b, char properties: 0x12, char value handle: 0x002c, uuid: 0000ff0c-0000-1000-8000-00805f9b34fb
handle: 0x002e, char properties: 0x0a, char value handle: 0x002f, uuid: 0000ff0d-0000-1000-8000-00805f9b34fb
handle: 0x0030, char properties: 0x1a, char value handle: 0x0031, uuid: 0000ff0e-0000-1000-8000-00805f9b34fb
handle: 0x0033, char properties: 0x0a, char value handle: 0x0034, uuid: 0000ff0f-0000-1000-8000-00805f9b34fb
handle: 0x0035, char properties: 0x10, char value handle: 0x0036, uuid: 0000ff10-0000-1000-8000-00805f9b34fb
handle: 0x0039, char properties: 0x08, char value handle: 0x003a, uuid: 0000fedd-0000-1000-8000-00805f9b34fb
handle: 0x003b, char properties: 0x02, char value handle: 0x003c, uuid: 0000fede-0000-1000-8000-00805f9b34fb
handle: 0x003d, char properties: 0x02, char value handle: 0x003e, uuid: 0000fedf-0000-1000-8000-00805f9b34fb
handle: 0x003f, char properties: 0x08, char value handle: 0x0040, uuid: 0000fed0-0000-1000-8000-00805f9b34fb
handle: 0x0041, char properties: 0x08, char value handle: 0x0042, uuid: 0000fed1-0000-1000-8000-00805f9b34fb
```

图 7.35　查看所有句柄

```
[88:0F:10:87:A4:08]      connect
Attempting to connect to 88:0F:10:87:A4:08
Connection successful
[88:0F:10:87:A4:08][LE]> char-write-req 0x0012
Usage: char-write-req <handle> <new value>
[88:0F:10:87:A4:08][LE]> char-write-req 0x0019 22222
Command Failed: Disconnected
[88:0F:10:87:A4:08][LE]> connect
Attempting to connect to 88:0F:10:87:A4:08
Connection successful
[88:0F:10:87:A4:08][LE]> char-write-req 0x0019 22222
Characteristic value was written successfully
[88:0F:10:87:A4:08][LE]> char-write-req 0x0019 dc0000000100af3a0066656e67676f75000000ce
Command Failed: Disconnected
[88:0F:10:87:A4:08][LE]> connect
Attempting to connect to 88:0F:10:87:A4:08
Connection successful
[88:0F:10:87:A4:08][LE]> char-write-req 0x0019 dc0000000100af3a0066656e67676f75000000ce
Characteristic value was written successfully
```

图 7.36　改写句柄 value 值

```
Error: include: command not found
[88:0F:10:87:A4:08][LE]> connect
Attempting to connect to 88:0F:10:87:A4:08
Connection successful
[88:0F:10:87:A4:08][LE]> include
Error: include: command not found
[88:0F:10:87:A4:08][LE]> included
No included services found for this range
[88:0F:10:87:A4:08][LE]> sec-level
sec-level: low
[88:0F:10:87:A4:08][LE]> connect
Attempting to connect to 88:0F:10:87:A4:08
Connection successful
[88:0F:10:87:A4:08][LE]> sec-level high
[88:0F:10:87:A4:08][LE]> sec-level
sec-level: high
[88:0F:10:87:A4:08]      sec-level low
[88:0F:10:87:A4:08][LE]> connect
Attempting to connect to 88:0F:10:87:A4:08
Connection successful
[88:0F:10:87:A4:08][LE]> sec-level low
[88:0F:10:87:A4:08][LE]> sec-level
sec-level: low
[88:0F:10:87:A4:08][LE]> char-write-req 0x0016 0e
Command Failed: Disconnected
[88:0F:10:87:A4:08][LE]> connect
Attempting to connect to 88:0F:10:87:A4:08
Connection successful
```

图 7.37　尝试对别的句柄进行写操作

尝试对 0x0016 句柄进行操作,使用 char-write-req 命令,并尝试将值 0e 写入,如图 7.38 所示,此时出现提示:

Characteristic Write Request failed:Attribute can't be written,说明该句柄被写入。

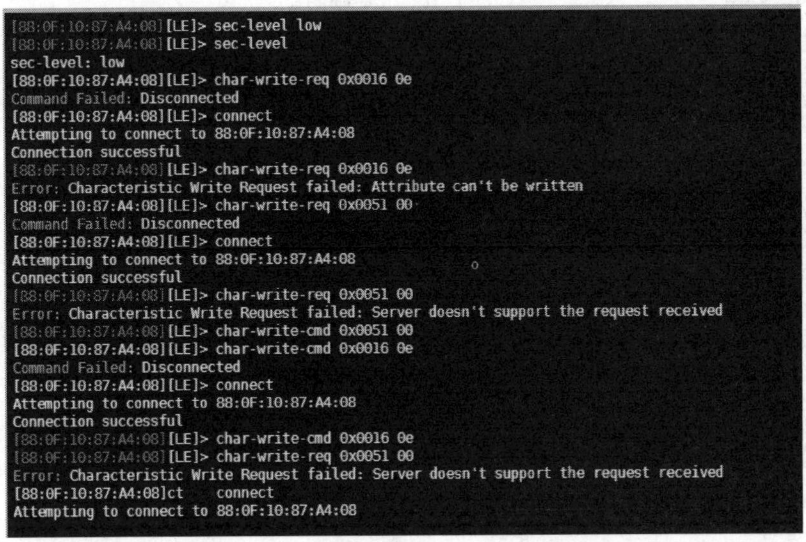

图 7.38　尝试对 0x0016 句柄写操作

然后尝试了许多命令,如 char-write-rhar-write-cmd 0x0016 0e;char-write-cmd 0x0016 0e;char-write-req 0x0016 0e,都失败了,显示无法连接,如图 7.39 所示。

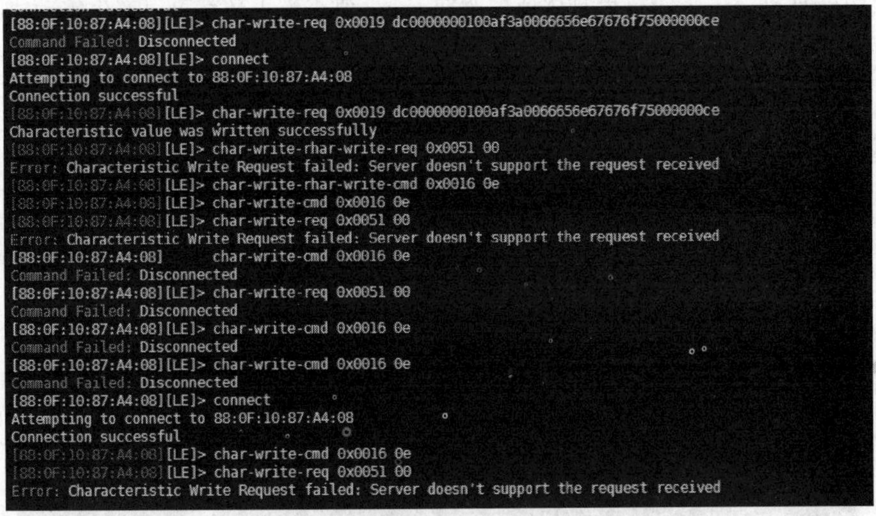

图 7.39　继续尝试写操作

为了得到小米手环震动时具体是哪个由哪个句柄作为通信地址,也想得到具体的 value 值,用 wireshark 再抓取一次蓝牙的通信数据包。此时将小米手环设置为来电震动提醒,当手机接到呼叫时,wireshark 抓取到了一个包。对该数据包进行分析,发现 Opcode 为 write Command,即写命令,句柄为 0x0051,value 值为 02 ,初步推测应对 0x0051 句柄进行写操作,如图 7.40 所示。

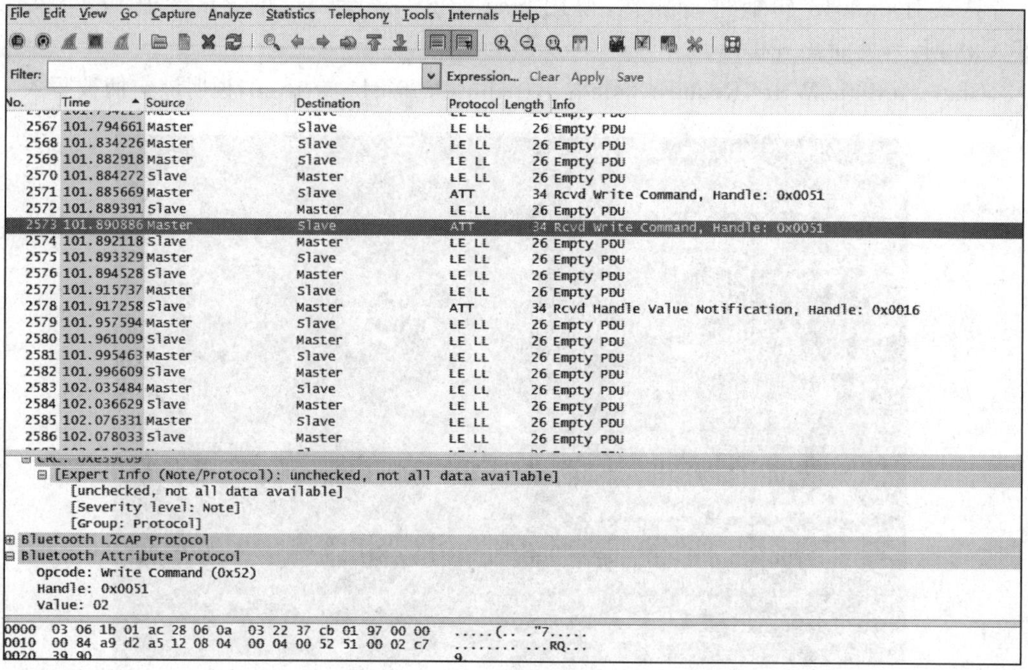

图 7.40　wireshark 抓包分析

有了上面的分析，键入命令：char-write-cmd 0x0051 01，小米手环产生了震动，再输入命令：char-write-cmd 0x0051 02，小米手环依然震动，不过震动强度比之前更大了，这表明 value 值的确是 characteristic 里具体值。改变 value 值小米手环就可以产生震动，如图 7.41 所示。

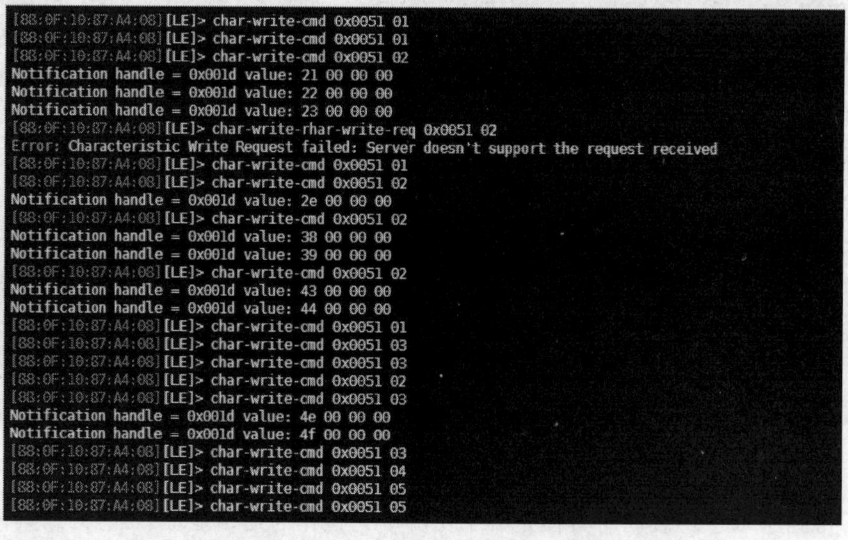

图 7.41　小米手环震动

最后再次验证震动，分别键入 value 值为 01、02、03、04、05，手环在 value 为 01、02、03、04 时震动感依次增强，说明小米手环的震动一共有 4 个强度分别由 01～04 来控制，如

图 7.42 所示。

　　至此,本实验通过了小米手环的蓝牙认证机制,并对此漏洞进行利用和实现。

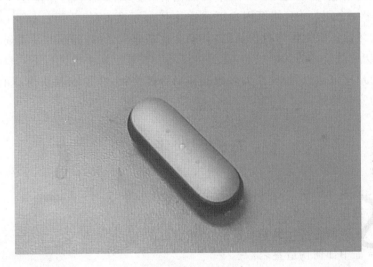

```
Notification handle = 0x001d value: 2e 00 00 00
[88:0F:10:87:A4:08][LE]> char-write-cmd 0x0051 02
Notification handle = 0x001d value: 38 00 00 00
Notification handle = 0x001d value: 39 00 00 00
[88:0F:10:87:A4:08][LE]> char-write-cmd 0x0051 02
Notification handle = 0x001d value: 43 00 00 00
Notification handle = 0x001d value: 44 00 00 00
[88:0F:10:87:A4:08][LE]> char-write-cmd 0x0051 01
[88:0F:10:87:A4:08][LE]> char-write-cmd 0x0051 03
[88:0F:10:87:A4:08][LE]> char-write-cmd 0x0051 03
[88:0F:10:87:A4:08][LE]> char-write-cmd 0x0051 02
Notification handle = 0x001d value: 4e 00 00 00
Notification handle = 0x001d value: 4f 00 00 00
[88:0F:10:87:A4:08][LE]> char-write-cmd 0x0051 03
[88:0F:10:87:A4:08][LE]> char-write-cmd 0x0051 04
[88:0F:10:87:A4:08][LE]> char-write-cmd 0x0051 05
[88:0F:10:87:A4:08][LE]> char-write-cmd 0x0051 05
[88:0F:10:87:A4:08][LE]> char-write-cmd 0x0016 0e
[88:0F:10:87:A4:08][LE]> char-write-cmd 0x0016 0e
[88:0F:10:87:A4:08][LE]> char-write-cmd 0x0016 0f
[88:0F:10:87:A4:08][LE]> char-write-cmd 0x0016 ff
[88:0F:10:87:A4:08][LE]> char-write-cmd 0x0051 01
[88:0F:10:87:A4:08][LE]> char-write-cmd 0x0051 02
Notification handle = 0x001d value: 5a 00 00 00
[88:0F:10:87:A4:08][LE]> char-write-cmd 0x0051 03
[88:0F:10:87:A4:08][LE]> char-write-cmd 0x0051 04
[88:0F:10:87:A4:08][LE]>
```

图 7.42　手环产生不同强度的分析

被破解的小米手环,可被输入的不同命令进行不同强度的震动,如图 7.43 所示。

图 7.43　小米手环震动被控制

7.4　协议安全性分析

7.4.1　蓝牙通信方式安全性分析

　　蓝牙的通信方式可以从 Wireshark 的抓包过程中发现,首先,发送 ADV_IND 广播包,这个数据包起到 Broadcast 广播的作用,即通知周围的所有蓝牙设备,该设备将要开启通信过程;然后,相应通信的 BLE 蓝牙设备就会在无线通信范围内自动扫描蓝牙信号。

此时作为 Slave 的设备会发出 SCAN_REQ 数据包,这是主动扫描请求,即先建立扫描的请求,然后再发出 SACN_RSP 数据包,这是主动扫描响应请求。此时在 Master 设备上单击连接,Master 设备会发出 CONNECT_REQ 请求包,请求连接。这里与一般互联网中 TCP 通信的三次握手机制有些不同,SCAN_REQ 数据包和 SCAN_RSP 数据包都是 Slave 从设备先发出,然后 CONNECT_REQ 采由主设备发出。

这一段双方通信是安全的,因为二者已经是 Slave 和 Master 的主从设备关系,虽然数据包是明文形式没有加密,但也没有加密的必要,因为双方已经取得身份认证,一旦身份得到认证,就不会发生中间人攻击,数据包也不会被劫持更换。

7.4.2　蓝牙认证机制安全性分析

由上面对蓝牙认证机制的破解可以看出,蓝牙在进行身份验证时,采用了安全等级最低的无认证无加密的模式。虽然这种身份认证方式简单便捷,但极易被绕过。它的签名方式采用个人信息的前 19 个 Byte 与 MAC 地址的后两位进行异或,异或的结果再转成 2 位的 16 进制数作为签名。它的验证方式是,只要签名结果正好是前两者的异或结果,就自然通过验证。这个方式太简单了,几乎没有安全性可言,想要利用这个漏洞对小米手环进行破解与控制也非常容易。随便输入一串字符,只要和最后两位是前两者异或的结果,认证机制就默认前者是用户信息,后者是 MAC 地址的后两位。这其实都不能算作是一种身份认证机制,只是相当于一个用户 ID,使得用户可以连接到蓝牙设备,仅此而已。所以在本章中,小米手环采用蓝牙认证机制作为身份认证,其安全性是非常低的,漏洞非常明显。实验也通过挖掘漏洞,成功通过蓝牙的认证机制,达到可以随时控制小米手机进行不同程度振动强度的效果。所以用户应该认识到,现在大多数的移动智能终端,在追求轻快简捷的同时,也存在着不可忽视的安全隐患。

7.5　思　考　题

1. 低功耗的蓝牙协议和之前的蓝牙协议存在什么差别?
2. 蓝牙的数据包存在什么特点?
3. 蓝牙认证机制存在什么安全缺陷?
4. 蓝牙认证中如何伪造签名?

第8章

智能插座设备安全分析

8.1 情况简介

8.1.1 智能插座概念

智能插座(Smart Plug)是在物联网概念下,伴随智能家居的概念共同发展的产品。智能插座,通常指内置 Wi-Fi 模块,通过智能手机的客户端来进行功能操作的插座。远程的智能插座可以通过网络或者 APP 进行控制,通过远程或者 APP 控制插座的开关,从而能实现对远程插座的 APP 控制。智能插座带来诸多便利,用户可以通过远程就能控制智能插座,从而完成智能插座的安全分析。

当前,很多智能插座存在安全漏洞,有专门对智能插座进行安全分析的文章,包括对智能插座的固件进行分析,找到智能插座固件的安全漏洞。智能插座允许通过手机 APP 远程和近场控制其开和关,利用和分析通信协议可控制插座的开和关。

8.1.2 Wi-Fi 的安全隐患

Wi-Fi 技术是当前最为主流的无线局域网技术,家家户户安装了无线路由器,方便移动设备连接互联网。但是,随着 Wi-Fi 设备的逐步普及,Wi-Fi 也带来诸多安全问题,Wi-Fi 密码被暴力破解或者密码通过其他方式被泄露,轻则被蹭网,重则被深度入侵带来其他损失的事例屡见不鲜。

现实情况下,家庭无线网络因为种种问题被攻陷的情况十分普遍,当研究人员攻陷某一个智能插座后,研究人员就能够轻易地和智能插座处于同一内网中,给智能插座的安全带来极大的威胁。而家庭无线网络密码被获取主要有被直接破解和其他途径泄露两种情况。

家庭路由器加密方式主要有 WEP 和 WPA/WPA2 两种。WEP 加密通信时是使用的静态的密钥,而 WPA/WPA2 则使用动态密钥,所以 WPA/WPA2 更为安全。

实际上,由于 WEP 算法设计上存在的缺陷,若被恶意截获信号,WEP 加密在一定时间内就能被破解。而实践证明,在现有软件的帮助下,普通的 WEP 加密只需要 5 分钟就能被破解。

WPA 采用了 TKIP 算法,其本质也是一种 RC4 算法,相对 WEP 进行了改进,能够避免 IV 攻击,同时采用 MIC 算法一同计算校验和,目前通过只能暴力破解和字典法进行破解。

WPA2 采用了 CCMP＋AES 的算法组合,加密标准安全性更上一层,同样只能采用暴力破解和字典法来破解。

暴力破解可能性极低,基本是不可能完成的任务,那么采用 WPA/WPA2 加密的密码被破解的方式只有可能是字典法。研究人员可以采用字典攻击方法对无线设备进行攻击。在字典法破解时被经常使用,其中的密钥信息来自黑客通过各种渠道的搜集,字典法破解的原理就是用这些字典里的密钥数据不断地去尝试登录路由器,而攻击速度受字典的质量限制,据了解,质量较高的"黑客字典"攻击速度能工达到 10 万个密钥每分钟。

总之,WEP 加密一定能被直接破解,WPA 和 WPA2 加密存在一定概率通过字典攻击方法破解,设备被攻破的概率主要取决于密码的强度。

密码除了被直接破解外,还存在其他可能的泄露方式。第一,厂家在路由器开发时往往在路由器上留下了后门程序,这样可以方便调试。正常的逻辑是,产品正式上线之前,所有的后门都应该被封堵,但现实情况是往往存在被遗漏的可能,甚至是有的技术人员刻意留下。利用这种漏洞,轻易能够直接控制路由器,获取密码。第二,用户在使用一些免费提供 Wi-Fi 上网的软件时,这些软件为了扩充自己的 Wi-Fi 数据资源,以便抢占市场,常常会在未经用户允许情况下搜集记录用户的家庭 Wi-Fi 密码,存在泄露给其他用户的可能性。第三,手机系统可能存在漏洞,安卓和 IOS 都曾被曝出 Wi-Fi 漏洞问题,通过漏洞,黑客不仅可以获取用户 Wi-Fi 密码,而且还发起远程攻击或拒绝服务攻击。

8.1.3　无线局域网嗅探

若研究人员和智能插座处于同一局域网中,则插座的通信数据存在被监听的可能。目前,交换机和路由器等网络设备已经普及,老式的 HUB 连接的共享式网络环境已被淘汰,通信不会以广播的方式发送数据,所以即使将一台主机的网卡设置为混杂模式,也不能对局域网中与自身无关的数据进行监听和捕获。因此,研究人员想要捕获其他主机数据只能采用其他方法,目前比较常见方法的有端口镜像和 ARP 欺骗两种。

端口镜像的原理是:在支持此功能的交换机或者路由器上,通过配置页面设置一个指定的端口作为"镜像端口",这个端口能够接收来自其他一个或多个端口的转发数据,从而实现对目标网络的监听。研究人员能够进行此项操作的前提是获取到了路由器登录密码并且被攻击的路由器需要具备端口镜像功能。而实际情况是,家用的中低端无线路由器没有端口镜像这一功能,所以这一方式被利用的可能性不大。

ARP 的功能是将 IP 地址转化成物理地址,所以命名为地址解析协议。局域网内的网络通信其实是根据 MAC 地址来转发数据包,与 IP 的没有直接的关系,所以伪造 MAC 地址就能导致真实主机网络不通,路由器的所有数据会发送给伪造的 MAC 地址,从而监听数据。ARP 欺骗可以通过许多工具实现,cain 工具是比较常用的一款,下面是使用 cain 工具进行的一些测试。

启用嗅探,选择网卡,如图 8.1 所示。

扫描所有主机的 MAC 地址,如图 8.2 所示。

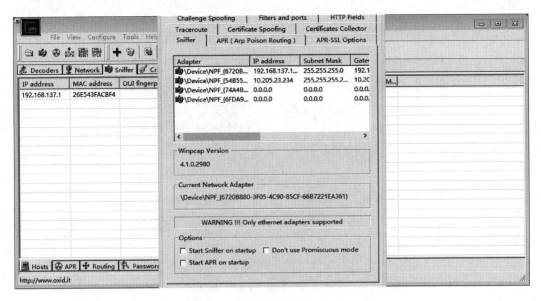

图 8.1 cain 选择网卡

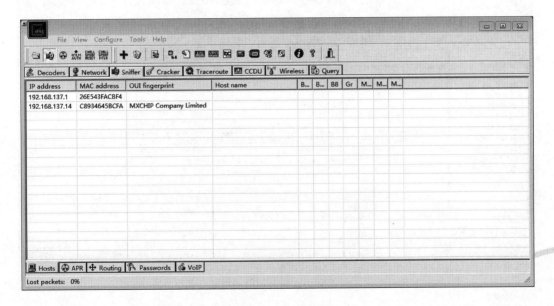

图 8.2 扫描到的主机

进入 ARP Poison Routing 页面,添加要进行 ARP 欺骗的主机地址并选择目标主机的网关,如图 8.3 所示。

启用 APR,成功拦截目标主机到网关和网关到目标主机的数据包,使得数据包先经过 APR 主机再进行转发,从而可以分析数据包的内容,如图 8.4 所示。

上述测试表明,ARP 欺骗可以实现在同一局域网内抓取其他主机的数据包,所以在研究人员进入智能插座所在局域网内后,能够对插座与服务器进行交互的数据进行捕获分析,从而实现后续的攻击。

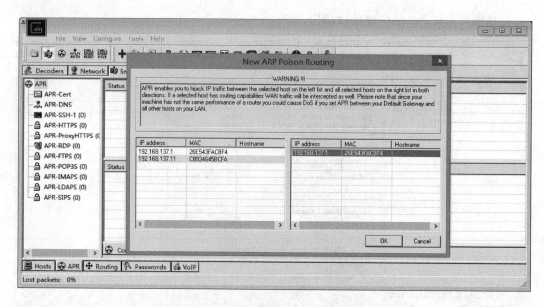

图 8.3　配置 APR 页面

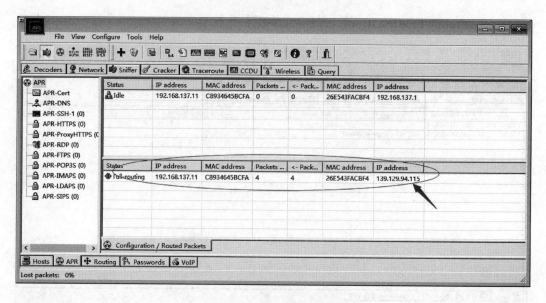

图 8.4　拦截到数据包

8.1.4　实验环境搭建

本次实验所使用的设备是某知名品牌智能插座,设备的各项技术参数如图 8.5 所示。

从图 8.5 中通信方式使用的协议 IEEE802.11b 可以判别出这款产品在物理层和数据链路层采用的是 Wi-Fi 协议,采用这一技术的优点是可以方便地通过无线路由器接入互联网,直接用专门的网关,降低成本。

产品型号	HK-50C5WD
通信方式	IEEE802.11b/g/n(Wi-Fi)
通信频率	2 400~2 483.5 MHz
通信距离	60~90 m(可视范围)
最大切换电流	8 A
交流供电范围	110~260 V
开关寿命	>40 000次

图 8.5　海尔家电宝技术参数

分析智能插座在网络层和传输层使用的协议,需要对正常的通信过程进行抓包分析。连接过程:首先,用手机连接至插座的 Wi-Fi,配置连接到的家庭 Wi-Fi;然后,连接至家庭 Wi-Fi,从而通过数据的解析判断所使用的协议。实验过程中,须将插座连接至家庭无线网络,本书以笔记本电脑分享出的 Wi-Fi 为例。市场主流 Wi-Fi 分享软件均有此功能。使用 Wireshark 监听数据包时,若使用 Win10 系统,Wireshark 使用的底层封包抓取工具 Win-Pcap 工具不支持 Win10 系统,须安装 Win10Pcap。在分出的无线网卡"属性"界面,勾选上以 Win10Pcap 开头的协议,如图 8.6 所示。

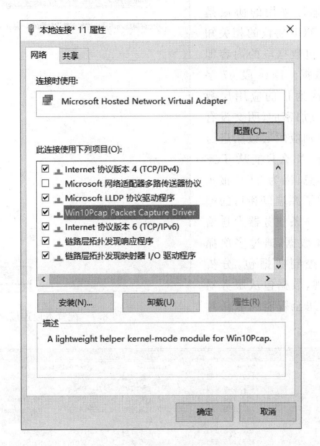

图 8.6　配置本地连接属性 1

若插座无法连接至电脑的无线网,可采用手动配置的方式。具体命令如下:

虚拟出一个 Wi-Fi 热点:netsh wlan set hostednetwork mode = allow ssid = Test key=012345678

打开热点:netsh wlan start hostednetwork

关闭热点:netsh wlan stop hostednetwork

打开当前使用的网卡的"属性"界面,切换到选项卡,勾选"允许其他网络用户通过此计算机的 Internet 连接来连接",并在"家庭网络连接中"选择到虚拟出的 Wi-Fi 热点所用到的网卡,如图 8.7 所示。

查看手机 APP 端插座控制界面,能够获知插座 IP 地址。打开笔记本电脑中的 Wireshark

网络封包分析软件,选择至分享 Wi-Fi 所使用的网卡,并在过滤器中输入类似 "ip. addr= 192.168.191.3"过滤语句, 可以对数据包的 IP 地址进行筛选,抽取出服务器和插座之间通信的数据包单独进行分析,如图 8.8 所示。

从图 8.8 中可以明确,这款智能插座网络层和传输层采用的协议是 TCP/IP 协议。由 TCP 协议的相关知识可以知道,TCP 包数据段的内容即为应用层的全部数据。Data 段 67 字节的数据即为此次通信的应用层数据,并且数据是经过加密的,明文没有意义。不能通过识别应用层数据进行应用层协议的判断,那么只能从 TCP 报头中发现相关信息,因为 TCP 报头的前 4 个字节说明了源端口和目的端口。图 8.9 展示了一条服务器发送给插座的指令的具体数据,通过多次抓取智能插座开关控制数据包,分析 TCP 报头可以发现,数据包从服务器 7002 端口发出,被送至智能插座任意一个用户端口。

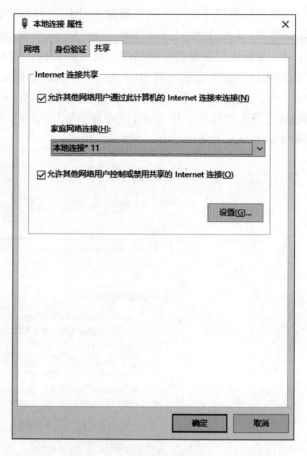

图 8.7　配置本地连接属性 2

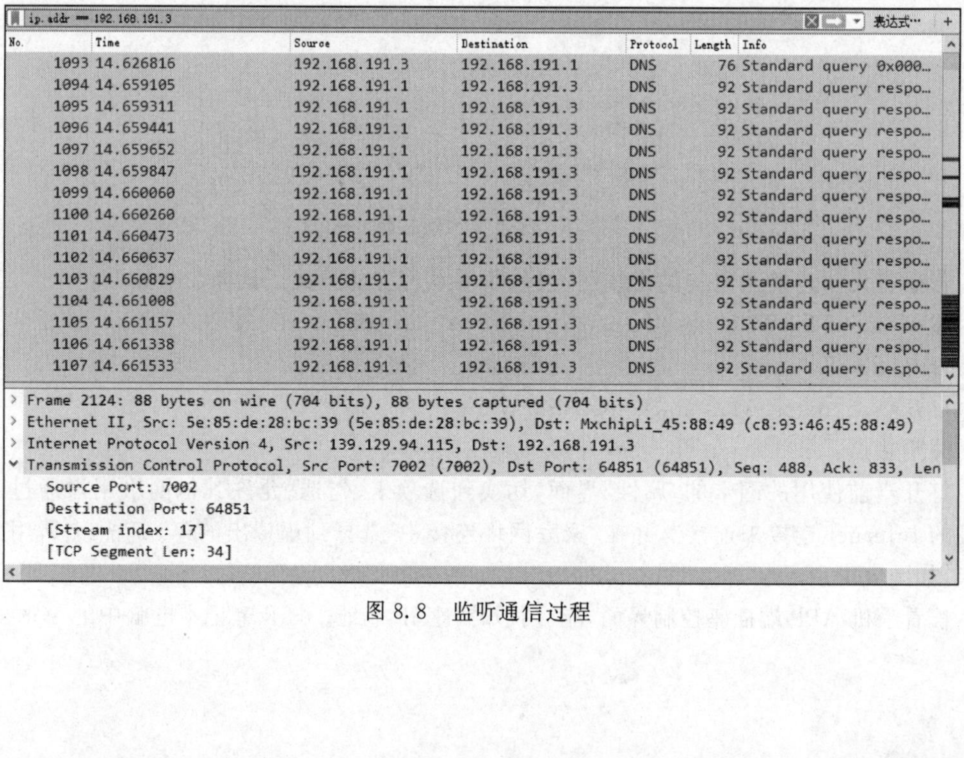

图 8.8　监听通信过程

在 TCP 服务模型中，1 024 以下的端口号被保留，只能用作由特权用户启动的标准服务，这些端口称为知名端口。1 024～49 151 之间的端口由非特权用户使用，应用程序可以选择自己的端口号。图 8.9 中的接收端口号均没有具体定义，说明某知名品牌这款智能插座并没有采用熟悉的应用层协议，而是厂家设计了自己的独有的协议。这个实验结果正好印证了第一章中"目前智能家电仍没有统一的通信协议"这一现状调查。

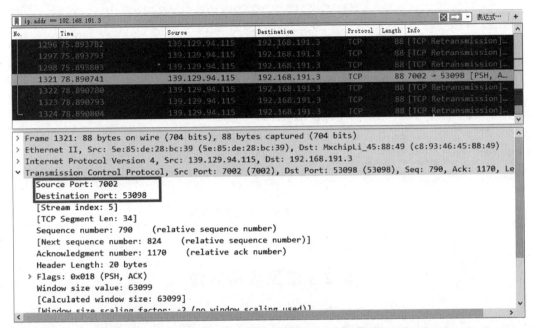

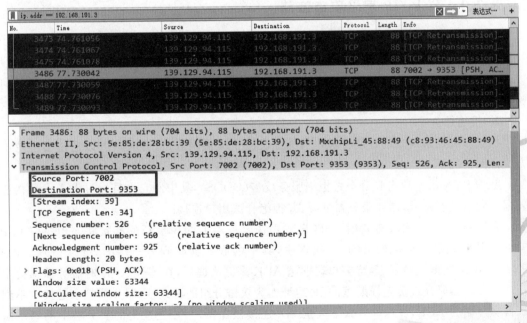

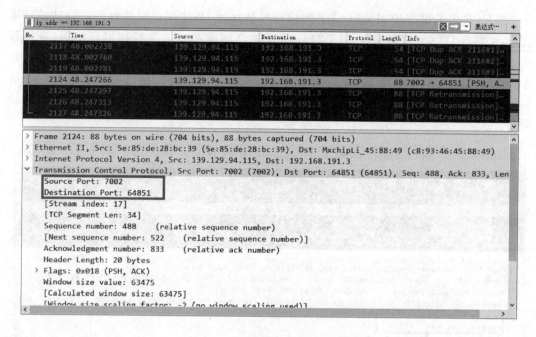

图 8.9　服务器发送给插座数据

8.2　常见攻击方法

8.2.1　TCP/IP 常见攻击方法

1. IP 欺骗

IP 地址欺骗即伪造具有虚假源地址的 IP 数据包进行发送,可以隐藏研究人员身份,假冒其他计算机。IP 地址欺骗的原理是路由转发只是用目标 IP 地址,并不对源地址做任何验证,IP 欺骗往往结合其他攻击方式一起使用。

2. 拒绝服务

拒绝服务的最终目的是使得被攻击的主机停止提供服务,研究人员可以通过多种攻击方式达到目的。

TCP SYN 洪水攻击是分布式拒绝服务攻击(DDOS),其中研究人员通过发送大量伪造数据包发送到服务器,消耗服务器资源,并拒绝合法用户连接。

常用的 SYN 洪水攻击利用了 TCP 建立在服务器上的一个新的连接状态保持。TCP SYN 泛洪攻击利用标准的 TCP 三次握手,其中的服务器收到客户端的 SYN 请求后,用 SYN+ACK 数据包答复,等待客户端发送 ACK 来完成握手,在等待 ACK 时服务器保持半开连接。因为研究人员选择欺骗的 IP 地址作为攻击分组的源地址,服务器将永远接收不到来自客户端的 ACK,在这种方式下大量半开连接被保持,一个受攻击的服务器上的请求队列被填满。服务器的队列是有限的,由于在队列中的资源(空间)的不可用性,合法的客户端的请求不能被满足。

客户端发送 SYN 到服务器所示状态时,服务器设客户端存在发送 SYN ＋ ACK 返回到客户端,但服务器从来没有从客户端 ACK(确认),并进入到半开状态。而该请求被在等待被客户确认时,它仍保留在服务器队列中。每个半开连接将保留在内存中的队列,直到超时,然后服务器会重传 SYN＋ACK,每次重传后超时的值翻倍。第一次重传的时间值是 3 s,然后以 6,12,24,48 s 分别尝试。SYN 洪水可以从受到攻击的机器原件的源地址和欺骗性的 IP 地址发起。

3. 死亡之 ping

ping 程序基于 ICMP 协议,主要用于测试主机之间的连通性,具体的行为是发送一个 ICMP 请求信息并接收来自目的主机的 ICMP 回应,从而判断网络连通状况。死亡之 ping 同样基于 ICMP 协议,是利用其发起碎片攻击。

具体是使用 ping 命令不断发送超过最大字节的数据包,这种超过限制的数据包出现后,被攻击主机在解析数据时,包中的部分信息可能会被写入其他正常工作的区域。这种情况非常容易导致系统不稳定,甚至是崩溃,是一种典型的缓存溢出攻击。

4. RST 和 FIN 攻击

TCP 数据包头部含有 6 个标志位来显示这个数据包是何种类型的包,除了发起连接请求的 SYN 位,比较重要的还有用于重置一个连接的 RST 位和在没有数据需要传送时用于切断连接的 FIN 位。这两个标志位因为其显著作用而常常被用于拒绝服务攻击。研究人员通常先分析两台正常连接的主机间通信的数据包,通过具体的计算,得出被攻击主机发往目的主机的下一个 TCP 包中序列号的值,然后伪造一个 RST 或 FIN 位为 1 的数据包,发送给目标主机,目标主机收到伪造的数据包之后,就会做出相应的响应。利用 RST 攻击时,目标主机会切断与受骗主机的通信,而利用 FIN 攻击时,目标主机会认为受骗主机已经没有数据需要再传送,在继续伪造断开连接的过程后,受骗主机后续发送的 TCP 包都会被忽略。

5. TCP 会话劫持

TCP 会话劫持通常发生在同一局域网内,也就是研究人员和目标主机处于同一内网。这种情况下,研究人员通过 ARP 嗅探等方式捕获目标主机与被假冒主机之间进行通信的数据包,然后发起针对 TCP 协议的攻击。

TCP 会话劫持同样使用了 IP 欺骗,其攻击的是一个已经建立的连接,而不是针对 TCP 三次握手进行攻击。研究人员在捕获了目标主机和被假冒的主机之间通信的数据包之后,进行相应的分析,就能计算出这个已经建立的连接的序列号的变化情况。了解到序列号的变化情况后,研究人员就可以伪造 TCP 数据包,用以接管这个已经建立的连接。在没有断开与被假冒主机的通信时,被假冒主机发送的数据包会因为序列号的错误而被目标主机主动忽略,而使用 ARP 欺骗拦截与被假冒主机的通信之后,更是可以完全伪造数据包和目标主机进行通信。

TCP 会话劫持这种攻击方式能够实施的原因是 TCP 协议本身有脆弱点,即 TCP 协议并没有对传输的数据报进行相应的加密和认证,唯一的用于辨别身份的指标就是序列号。在这种情况下,配合一些软件的使用,TCP 会话劫持成功的可能性很高。

8.2.2　应用层脆弱性分析

应用层协议对以下内容进行定义:

（1）交换的报文类型，如请求报文和响应报文；

（2）各种报文类型的语法，如报文中的各个字段公共详细描述；

（3）字段的语义，即包含在字段中信息的含义；

（4）进程何时、如何发送报文及对报文进行响应。

在定义这些内容的同时，应用层协议应采用加密算法来保护数据内容，使得传递的数据即使被捕获也不能被翻译，从而达到保护程序安全的目的。同时，需要考虑是否能够抵御重放攻击。

重放攻击（Replay Attacks）又称重播攻击、回放攻击或新鲜性攻击（Freshness Attacks），是指研究人员发送一个目的主机已接收过的包，来达到欺骗系统的目的。倘若传递同一信息的数据包每次加密后的内容均未发生改变，那么可以对其进行重放攻击，从而达到攻击目的。

8.3 设备安全分析

在8.2节中详细分析了Wi-Fi的脆弱性，包括研究人员如何进入家庭局域网和如何通过ARP欺骗等方式在局域网内抓取其他主机通信的数据包。现实情况下的攻击，往往需要先通过这两道关卡，而这两道关卡适用于任何使用Wi-Fi进行通信的设备。为了简化实验，同时更有针对性地分析某知名品牌智能插座上层协议的脆弱性，本章的实验建立在可以轻易抓取到智能插座通信数据的基础上，即通过笔记本设置无线热点，然后使用wireshark工具对无线网卡进行抓包。

8.3.1 端口分析

TCP服务模型中，1 024以下的端口号被保留，用于标准服务。如果设备提供SSH这样能用于远程登录的端口，且没有设置密码，那么研究人员能够直接进入系统，执行一些指令，或者设备可能被利用当作BOT拒绝服务攻击，是相当危险的。图8.10列出了一些知名端口。

端口	协议	用途
20,21	FTP	文件传输
22	SSH	远程登录，Telnet的替代品
25	SMTP	电子邮件
80	HTTP	万维网
110	POP-3	访问远程邮件
143	IMAP	访问远程邮件
443	HTTPS	安全的Web(SSL/TLS之上的HTTP)

图8.10 一些分配的端口号

将智能插座通电后，未进行配置之前其是一个无线AP，SSID如图8.11所示。

用笔记本电脑接入此热点，使用ipconfig命令提示符查看到网关地址为10.10.10.1，然后使用Nmap软件扫描端口发现，智能插座开放了TCP10000这个端口，如图8.12所示。

由于此款智能插座并未开放任何知名端口，所以避免了被研究人员直接黑入系统的风险，但是因为有开放的端口，存在被拒绝服务攻击的风险。

图 8.11　未配置前为一个无线 AP

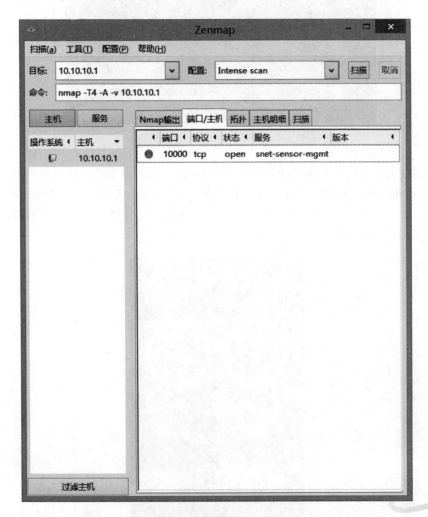

图 8.12　智能插座端口扫描结果

8.3.2　拒绝服务（SYN Flood）实验

通过端口扫描发现智能插座开放了 TCP10000 端口，本实验发起对其 10000 端口的洪水攻击，然后通过智能插座的具体表现分析其对 SYN 洪水攻击的防御能力。

首先通过手机正常控制智能插座开关，抓包发现智能插座的 IP 地址为 192.168.191.3。为了实现洪水攻击，笔者使用了 netwox 这一款功能强大的网络测试工具集。按照提示选择洪水攻击后，配置好目的 IP 地址和端口即可发起洪水攻击，如图 8.13 所示。

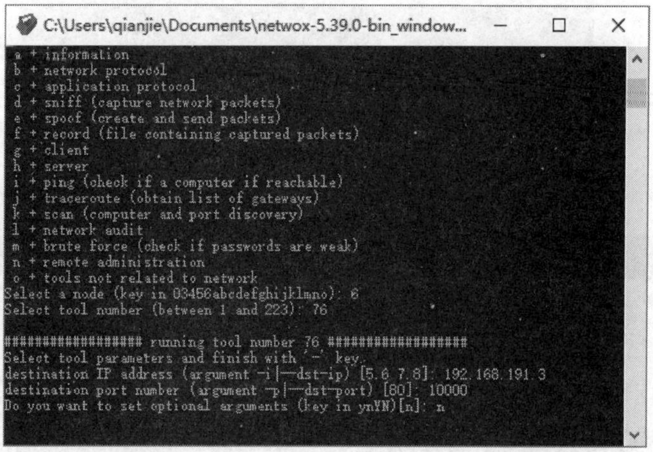

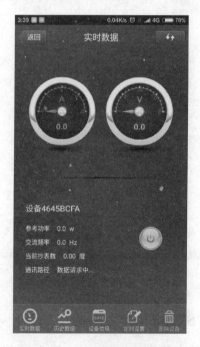

图 8.13 netwox 配置

笔者在攻击过程中不断尝试用手机控制智能插座,发现在攻击一开始的时候,插座的工作没有受到影响,能及时响应请求。当攻击进行一会儿后,插座出现了对控制指令延迟响应的情况。而随着攻击的持续进行,插座最后已经完全不能对正常的指令做出响应,失去了工作能力,此时手机端显示数据请求中,如图 8.14 所示。

图 8.14 APP 显示请求数据中

从本次实验可以总结出,SYN 洪水攻击能使插座失去工作能力,是严重的安全漏洞。

8.3.3 死亡之 ping 实验

首先使用正常的 ping 命令测试,发现应答正常,如图 8.15 所示。

No.	Time	Source	Destination	Protocol	Length	Info
19	3.015031	192.168.191.1	192.168.191.3	ICMP	74	Echo (ping) request …
20	3.017874	192.168.191.3	192.168.191.1	ICMP	74	Echo (ping) reply …
21	4.019305	192.168.191.1	192.168.191.3	ICMP	74	Echo (ping) request …
22	4.022372	192.168.191.3	192.168.191.1	ICMP	74	Echo (ping) reply …
23	5.022730	192.168.191.1	192.168.191.3	ICMP	74	Echo (ping) request …
24	5.023987	192.168.191.3	192.168.191.1	ICMP	74	Echo (ping) reply …
25	6.026943	192.168.191.1	192.168.191.3	ICMP	74	Echo (ping) request …
26	6.027819	192.168.191.3	192.168.191.1	ICMP	74	Echo (ping) reply …
41	20.693862	192.168.191.3	192.168.191.1	DNS	76	Standard query 0x000…
42	20.694459	192.168.191.1	192.168.191.3	DNS	108	Standard query respo…

图 8.15　正常使用 ping 命令

然后使用死亡之 ping 的命令：ping-1 65500 192.168.0.149-t，其中-t 标识不断地 ping，结果显示请求超时，如图 8.16 所示。

图 8.16　死亡之 ping 超时

同时，可以通过手机正常控制智能插座，抓包发现智能插座未对 ping 命令做出回应。上述情况说明，死亡之 ping 对智能插座无效，推断是智能插座不再对超过长度的包进行重组。

8.4　思　考　题

1. 针对 TCP/IP 协议常见的攻击方法有哪些？
2. ping 命令常用参数表示的含义是什么？
3. 什么是拒绝服务攻击，拒绝服务攻击的危害性有哪些？
4. 计算机网络中端口的含义是什么？1 024 以下的常见端口有哪些？

第9章

NFC 安全性研究

9.1　NFC 简介

近场通信(Near Field Communication,NFC)是一种短距离的高频无线通信技术,允许在多个电子设备之间实现简单而安全的双向交互。近场指的是无线电波的临近电磁场,在发射天线周围 10 个波长以内,电磁场是相互独立的,近场内电场没有很大意义,但磁场可用于短距离通信。NFC 技术的基本功能是允许某种设备(通常是手机)在限定范围内从另一种设备或 NFC 标签中收集数据。

NFC 技术由免接触式射频识别(RFID)演变而来。无线射频识别(Radio Frequency Identification,RFID)用于短距离识别通信,常称为感应式电子芯片或近接卡、感应卡、非接触卡、电子卷标、电子条形码等。

9.1.1　NFC 发展历史

NFC 技术最早由 RFID 技术演变而来,RFID 直接继承了雷达的概念,是利用射频信号实现的一种非接触式的自动识别技术。

1948 年,哈里·斯托克曼发表的"利用反射功率的通信"奠定了射频识别 RFID 的理论基础;1941—1950 年,雷达的改进和应用催生了 RFID 技术,1948 年奠定了 RFID 技术的理论基础;1951—1980 年,各种对 RFID 技术的研究不断出现,对 RFID 应用与产品研发的关注不断升温,产品测试进入起步阶段;1981—2000 年,RFID 技术进入大规模商业化阶段,技术的标准化日趋完善,RFID 产品从实验室走入人们的日常生活。

2002 年,在 RFID 技术的基础上,飞利浦公司和索尼公司联合开发出新一代短距离无线通信技术,并被 ECMA/IEC 接纳为标准;2004 年,诺基亚、飞利浦、索尼公司共同成立 NFC 论坛,制定了行业应用的相关标准,推广了近场通信技术。

9.1.2　NFC 芯片结构

一套完整的 RFID 系统由 Reader 与 Transponder 两部分组成,其动作原理为由 Reader 发射一特定频率的无线电波能量给 Transponder,用以驱动 Transponder 电路将内部的 ID Code 送出,此时 Reader 便接收此 ID Code。Transponder 的特殊在于免用电池、免接触、免刷卡故不怕脏污,且芯片密码为世界唯一,无法复制,安全性高、寿命长。

RFID 有时被称作电子卷标、射频卷标,通过这种非接触式的自动识别技术,作为条形码的无线版本,应用非常广泛,如动物芯片、门禁管制、停车场管制、生产线自动化、物料管理等。标签根据商家种类的不同能储存从 512 Byte 到 4 M 不等的数据,卷标中储存的数据是由系统的应用和相应的标准决定的。例如,卷标能够提供产品生产、运输、存储情况,也可以辨别机器、动物和个体的身份。卷标还可以连接到数据库,存储产品库存编号、当前位置、状态、售价、批号的信息。相应的,射频卷标在读取数据时不用参照数据库可以直接确定代码的含义。

最基本的 RFID 系统由三部分组成,其结构示意图如图 9.1 所示。

标签(Tag):由耦合组件及芯片组成,每个卷标具有唯一的电子编码,附着在物体上标识目标对象。

阅读器(Reader):读取(有时还可以写入)卷标信息的设备,可设计为掌上型或固定式。

天线(Antenna):在卷标和读取器间传递射频信号。

从图 9.1 中可见,RFID 系统因应用不同组成会有所不同。RFID 系统至少包含电子卷标和阅读器两部分。电子卷标是射频识别系统的数据载体,电子卷标由卷标天线和卷标专用芯片组成。依据电子卷标供电方式的不同,电子卷标可以分为有源电子卷标(Active tag)、无源电子卷标(Passive tag)和半无源电子卷标(Semi-passive tag)。有源电子卷标内装有电池,无源射频标签没有内装电池,半无源电子卷标(Semi-passive tag)部分依靠电池工作。

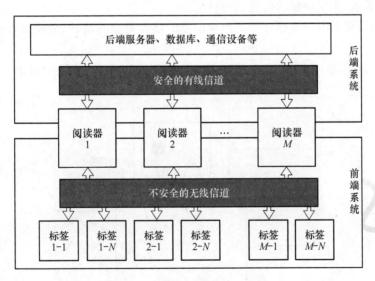

图 9.1　RFID 系统结构示意图

电子卷标依据频率的不同可分为低频电子卷标、高频电子卷标、超高频电子卷标和微波电子卷标。依据封装形式的不同可分为信用卡卷标、线形卷标、纸状卷标、玻璃管卷标、圆形卷标及特殊用途的异形标签等。RFID 阅读器(读写器)通过天线与 RFID 电子卷标进行无线通信,可以实现对卷标识别码和内存数据的读出或写入操作。典型的阅读器包含有高频模块(发送器和接收器)、控制单元以及阅读器天线。

9.2 NFC 工作原理

9.2.1 NFC 工作流程

RFID 系统的基本模型如图 9.2 所示。

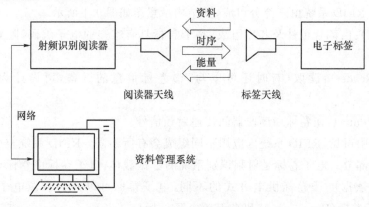

图 9.2　RFID 系统的基本模型

　　电子卷标与阅读器之间通过耦合组件实现射频信号的空间(无接触)耦合、在耦合通道内,根据时序关系,实现能量的传递、资料的交换。

　　发生在阅读器和电子卷标之间的射频信号的耦合类型有两种,分别是电感耦合和电磁反向散射耦合。

　　电感耦合-变压器模型,通过空间高频交变磁场实现耦合,依据的是电磁感应定律,如图 9.3 所示。

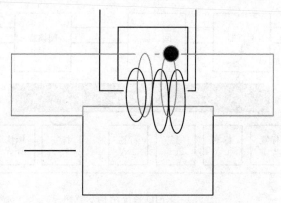

图 9.3　电感耦合模型

　　电磁反向散射耦合-雷达原理模型,发射出去的电磁波,碰到目标后反射,同时携带回目标信息,依据的是电磁波的空间传播规律,如图 9.4 所示。

　　和收音机原理一样,射频卷标和阅读器也要调制到相同的频率才能工作。LF、HF、UHF 就对应着不同频率的射频。LF 代表低频射频,在 125 kHz 左右,HF 代表高频射频,在13.54 MHz左右,UHF 代表超高频射频,在 850~910 MHz 范围之内,还有 2.4 G 的微波读写器。

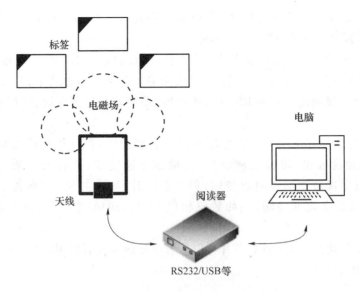

图 9.4　电磁反向散射耦合型的 RFID 读写器

电感耦合方式一般适合于中、低频工作的近距离射频识别系统。电磁反向散射耦合方式一般适合于高频、微波工作的远距离射频识别系统。

不同的国家所使用的 RFID 频率也不尽相同。欧洲的超高频是 868 MHz，美国的则是 915 MHz，日本目前不允许将超高频用到射频技术中。各国政府也通过调整阅读器的功率来限制它对其他设备的影响，有些组织例如全球商务促进委员会正鼓励政府取消限制，卷标和阅读器生产厂商也正在开发能使用不同频率系统避免这些问题。

9.2.2　NFC 工作模式

RFID 系统的基本工作方式分为全双工（Full Duplex）和半双工（Half Duplex）系统以及时序（SEQ）系统。全双工表示射频标签与读写器之间可在同一时刻互相传送信息。半双工表示射频标签与读写器之间可以双向传送信息，但在同一时刻只能向一个方向传送信息。

在全双工和半双工系统中，射频标签的响应是在读写器发出的电磁场或电磁波的情况下发送出去的。因为与阅读器本身的信号相比，射频标签的信号在接收天线上是很弱的，所以必须使用合适的传输方法，以便把射频标签的信号与阅读器的信号区别开来。在实践中，人们对从射频标签到阅读器的数据传输一般采用负载反射调制技术将射频标签数据加载到反射回波上（尤其是针对无源射频标签系统）。

时序方法则与之相反，阅读器的辐射出的电磁场短时间周期性地断开。这些间隔被射频标签识别出来，并被用于从射频标签到阅读器的数据传输。其实，这是一种典型的雷达工作方式。时序方法的缺点是，在阅读器发送间歇时，射频标签的能量供应中断，这就必须通过装入足够大的辅助电容器或辅助电池进行补偿。

RFID 系统的一个重要的特征是射频标签的供电。无源的射频标签自已没有电源。因此，无源的射频标签工作用的所有能量必须从阅读器发出的电磁场中取得。与此相反，有源的射频标签包含一个电池，为微型芯片的工作提供全部或部分"辅助电池"能量。

同时,NFC 芯片有三种运行模式,分别为卡模式(Card emulation)、点对点模式(P2P mode)和读卡器模式(Reader/Writer mode)。

在卡模式下时,NFC 芯片就相当于一张采用 NFC 技术的 IC 卡,可以在很多场景下代替 IC 卡进行刷卡操作,如公交卡、门票、门禁管制等。此种工作方式下的 NFC 芯片的优势在于卡片是通过非接触读卡器的 RF 区域来供电,即便是芯片所在设备(如手机)没电也可以照样工作。

工作在点对点模式下时,NFC 芯片可用于数据交换,和红外线传输数据类似,只是 NFC 芯片传输速度较快,传输距离较短,传输建立速度快,功耗低。通过 NFC 连接的两台设备,可以实现数据的点对点传输,如下载图片、同步文档、交换通讯录等。并且,资料可以在多个设备之间传输,例如数码相机、手机、PDA 等设备,只要设备支持 NFC 即可。

工作在读卡器模式下时,NFC 芯片可以作为非接触读卡器使用、可以从海报、电子标签等设备上读取相关信息。

9.2.3　NFC 技术的安全性

NFC 技术能给人们当前生活带来极大的便利,用于乘车、购物、交换信息、刷门禁卡等,可以说它能够应用到日常生活的方方面面,任何技术都不能保证 100％的可靠,NFC 也不例外。NFC 技术在安全性上也存在一定的不足,目前 NFC 技术在安全性上主要有以下几点问题。

(1)窃听。若在 NFC 通信中加密,窃听者就会很容易偷听到通信双方所传输的内容,进而会更轻易地获得 NFC 所在标签中的内容。因此,在未加密的情况下,不宜用 NFC 来传输敏感的数据内容。

(2)数据损坏。这种破坏安全性的技术是指在研究人员通过干扰交易数据使之造成损坏,从而导致 NFC 终端设备丧失作用,或是被研究人员误导发生错误交易,进而造成重大损失。

(3)克隆。这种技术是根据有效 NFC 标签的内容复制一张一模一样的新标签。以超市利用标签支付商品为例,克隆卡的存在意味着它拥有和该超市有效标签一样的外观,一样的权限,一样的数据。这种情况下,如果某些商品的标签不小心脱落,研究人员可以将自己的克隆标签贴上去,顾客将支付修改后的标签,从而造成不必要的损失。

(4)网络钓鱼。这种技术是研究人员伪装成某个真实机构,向顾客发送欺骗性垃圾邮件或 Web 网址,从而诱导顾客给出自己的敏感信息,造成用户信息的泄露,例如,一个智能海报通过单击订票网页来初始化车票的预定。该网址前台是车票预定系统,后台可能是一个个人转账应用,用户被其表面信息所欺骗而无法识别,造成财产损失。另外,如果用户的手机界面上出现类似网络钓鱼的错误或缺陷同样会误导用户。

(5)黑客攻击等。

虽然 NFC 技术在安全性上有以上几点隐患,但 NFC 属于近距离通信,在通信距离上有着不易被窃听和不易被损害数据的优势,加上其他几点安全问题需要一定的技术手段才能破解,因此在日常使用中大可不必担心,随着技术的发展,NFC 技术在安全性上也会越来越好。

9.2.4　NFC 与其他技术比较

与传统的近距离通信方式,如 RFID、红外、蓝牙相比,近场通信(NFC)有着天然的安全性和连接建立的快速性,几种近距离通信方式的优缺点如表 9.1 所示。

表 9.1　三种近距离通信方式比较

	NFC	蓝牙	红外
网络类型	点对点	多点对多点	点对点
使用距离	≤0.1m	≤10m	≤1m
速度	106 kbit/s,212 kbit/s,424 kbit/s 规划速率可达 868 kbit/s,721 kbit/s,115 kbit/s	2.1 Mbit/s	−1.0 Mbit/s
建立时间	<0.1 s	6 s	0.5 s
安全性	具备,硬件实现	具备,软件实现	不具备,使用 IRFM 的除外
通信模式	主动-主动/被动	主动-主动	主动-主动
成本	低	中	低

作为一种面向消费者的机制,NFC 比红外更可靠、更快、更简单,不用严格对齐才能够传输数据。与蓝牙相比,NFC 关注的是近距离交易,且私密性更强,在财务信息和个人敏感数据的交换方面有着更强的安全性;另外,蓝牙适用于中长距离通信,能够弥补 NFC 长距离通信的不足,与 NFC 技术互为补充。在实际应用中,NFC 协议依靠其快捷性可以引导两台设备之间的配对过程,促进了蓝牙的推广和使用。

NFC 和 RFID 有着相似之处,NFC 技术是在 RFID 基础上发展创新而来,其工作原理与 RFID 工作原理类似,并且两者的工作频段类似,如图 9.5 所示。

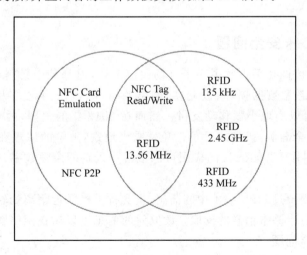

图 9.5　NFC 与 RFID 比较

但是 RFID 和 NFC 仍有许多不同。

(1) NFC 芯片中含有非接触读卡器、非接触卡同时也整合了点对点功能,而 RFID 中的阅读器和标签是两个单独组成部分,不能整合成一体。目前带有 NFC 功能的手机中内置的 NFC 芯片,是 RFID 模块的一个组成部分;作为 RFID 读写器时,相当于射频读卡器,可以用来采集 IC 卡中的数据,并与 IC 卡进行数据交换,还可以作为通信的节点设备,进行点对点通信,即 NFC 手机之间直接数据通信。

(2) RFID 智能读取信息,并识别信息是否正确,通常用于身份认证,不能用于信息交互,而 NFC 技术强调的是设备间的信息交互,如点对点通信。

(3) NFC 的传输距离为 10 cm 左右,RFID 的传输距离为几米甚至几十米,是 NFC 传输距离的十倍甚至百倍以上,NFC 的传输范围比 RFID 明显小得多。与 RFID 相比,NFC 传输距离近、带宽高、耗能低。

(4) NFC 为近距离的私密通信,安全性比 RFID 更有保障。

(5) 从应用上来看,NFC 目前应用较多的是消费类电子设备间的相互通信,而有源 RFID 则更擅长于长距离识别、身份验证;RFID 在工厂生产、物流追踪、资产管理上得到更多应用,而 NFC 则将在门禁、签到、公交、交通、手机支付等领域内有较大优势,推动近距离通信的发展。

凭借以上众多优点,NFC 芯片在商业中被广泛应用。手机内置的 NFC 芯片,是组成 RFID 模块的一部分,可以当作 RFID 无源标签,用来支付费用;也可以当作 RFID 读写器用作数据交换与采集。NFC 技术支持多种应用,包括移动支付与交易、对等式通信及移动中信息访问等。通过 NFC 手机,人们可以在任何地点、任何时间、通过任何设备,与他们希望得到的娱乐服务与交易联系在一起,从而完成付款、获取海报信息等。NFC 设备可以用作非接触式智能卡、智能卡的读写器终端以及设备对设备的数据传输链路,其应用主要可分为以下四个基本类型:付款和购票、电子票证、智能媒体以及交换、传输数据。

9.3　NFC 卡安全实践

9.3.1　NFC 卡安全问题

NFC 凭借其便捷性几乎占领了整个近场通信市场,但是其中暴露出的问题同样触目惊心,例如被窃听、恶意数据损坏、被克隆、网络钓鱼等,盗刷问题尤为严重。将 NFC 芯片与在手机结合,可以实现小额移动支付。然而在 2012 年的美国,两名研究人员发现了 NFC 支付严重的安全漏洞,破解之后可以免费乘坐地铁,破解的原理在于,当卡里的余额到达零点时,一个叫作 UltraReset 的应用可以重新写入新的余额数字,并"告诉"系统卡里还有钱。

英国媒体也曾报道过 NFC 技术中的漏洞,只要将手机在近距离处轻轻一扫,就可以在几秒钟内完成对银行卡基本信息的读取。读取后的信息可以用在网络购物上,还可以用来回答银行所设的安全问题。

9.3.2　工具

1. ACR38

ACR38 是一款低成本、性能可靠并高效的联机智能卡读写器,是智能卡与计算机信息的传输接口,它专为个人计算机而设,是个人计算机终端智能卡外设。通过它的数据加密功能提供网络安全处理环境,SDK 开发包支持用户开发客户化应用软件。ACR38 采用 USB 接口与电脑进行通信及供电,不但可以读取符合 Mifare 标准的 Classics(M1、M4、MUL)和 DESFire 卡,还支持 FeliCa 卡等符合 NFC 规范,可实现 Mifare One 卡(俗称 M1 卡、S50 卡、IC 卡)的复制、克隆等功能。ACR 系列读卡器如图 9.6 所示。

图 9.6　ACR 系列读卡器

ACR38 读写器的工作原理为,首先读写器向 Mifare One IC 卡发一组固定频率的电磁波,卡片内有一个 LC 串联谐振电路,其频率与读写器发射的频率相同,在电磁波的激励下,LC 谐振电路产生共振,从而使电容内有了电荷,在这个电容的另一端,接有一个单向导通的电子泵,将电容内的电荷送到另一个电容内储存,当所积累的电荷达到 2 V 时,此电容可作为电源为其他电路提供工作电压,将卡内数据发射出去或接取读写器的数据。

Mifare One 射频卡的通信协议和通信波特率是定义好的,当有卡片进入读写器的操作范围时,读写器以特定的协议与它通信,从而确定该卡是否为 Mifare One 射频卡,即验证卡片的卡型。

ACR38 读写器还设有防冲突机制(Anticollision Loop),当有多张卡进入读写器操作范围时,防冲突机制会从其中选择一张进行操作,未选中的则处于空闲模式等待下一次选卡,该过程会返回被选卡的序列号。选择完毕后,读写器会选择被选中的卡的序列号,并同时返回卡的容量代码。选择过程中要经过三次互相确认(3 Pass Authentication),选定要处理的卡片之后,读写器就确定要访问的扇区号,并对该扇区密码进行密码校验,在三次相互认证之后就可以通过加密流进行通信(在选择另一扇区时,则必须进行另一扇区密码校验)。

2. NFC 122u-a9 破解工具

使用专用的读卡机器结合驱动程序,可以对某些 NFC 芯片进行读写操作。已经有专门化的软件 NFC 122u-a9 可以对 NFC 芯片进行任意读写的攻击,如图 9.7 所示。temp 文件夹存放了提取 NFC 芯片数据,驱动文件夹中含有连接到 NFC 读卡器的驱动程序,msvcp100. dll、msvcr. dll、nfc. dll 文件提供了驱动程序和芯片读写程序所需的动态链接库,UID 卡克隆程序.exe、复制软件.exe 和破解软件.exe 文件提供了对 NFC 芯片内容的读取和烧录等功能。

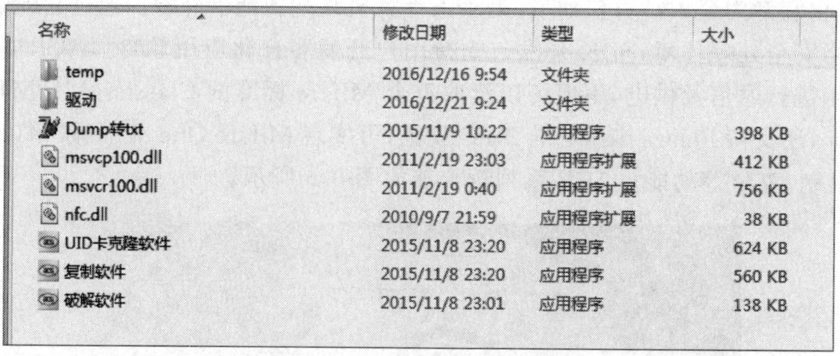

名称 ▲	修改日期	类型	大小
temp	2016/12/16 9:54	文件夹	
驱动	2016/12/21 9:24	文件夹	
Dump转txt	2015/11/9 10:22	应用程序	398 KB
msvcp100.dll	2011/2/19 23:03	应用程序扩展	412 KB
msvcr100.dll	2011/2/19 0:40	应用程序扩展	756 KB
nfc.dll	2010/9/7 21:59	应用程序扩展	38 KB
UID卡克隆软件	2015/11/8 23:20	应用程序	624 KB
复制软件	2015/11/8 23:20	应用程序	560 KB
破解软件	2015/11/8 23:01	应用程序	138 KB

图 9.7　NFC 122u-a9 破解软件

3. Mifare One IC 卡

Mifare One IC 卡，简称 M1 卡，非接触式 IC 卡，兼容 ACR122U 读写器驱动。采用 NXP 出品的高集成度 PN532 读写芯片，符合 ISO/IEC18092(NFC)标准，兼容 ISO14443 (Type A、Type B)标准，适用于一卡通、门禁、停车场、自动贩卖机、电子钱包、电子商务、身份验证等多个领域。在住宅小区、写字楼、工厂、学校、医院等各行业中的非接触式 IC 卡应用，如图 9.8 所示。

图 9.8　Mifare One IC 卡

9.3.3　NFC 卡破解

1. 环境搭建

下载 NFC 122u-a9 解密工具软件压缩包，然后将下载下来的文件解压，注意软件一定要解压，否则破解 NFC 芯片后，没有破解文件生成。安装驱动程序，根据电脑属性，选择 64 位或 32 位操作系统驱动文件，双击 Setup.exe 进行安装。选择语言，如图 9.9 所示。

图 9.9　选择语言

单击 OK 按钮,进入 ACR/100/122 PC/SC Driver 1.1.2.0 安装向导。单击"下一步",如图 9.10 所示。

图 9.10　安装向导

选择驱动程序安装路径。如果安装到默认文件夹,直接单击"下一步",或者单击"浏览"选择其他文件夹,如图 9.11 所示。

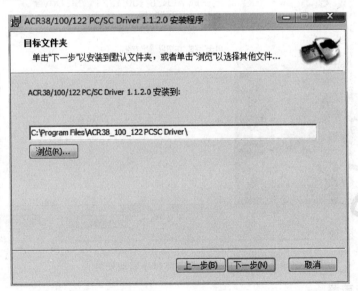

图 9.11　目标文件夹

单击"安装"开始安装,如图 9.12 所示。

单击"完成"完成破解程序驱动安装,如图 9.13 所示。在驱动程序安装完成后,连接NFC 卡破解机器到电脑的 USB 口上(最好连接到机箱后的 USB 口,以保证通信稳定,供电正常),指示灯红灯亮起。

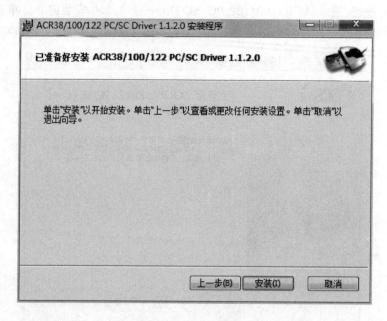

图 9.12　开始安装

图 9.13　完成破解程序驱动安装

2. NFC 卡破解

找到步骤 1 中 NFC 122u-a9 解密工具软件解压后的文件夹，双击打开，如图 9.14 所示。
打开破解软件，双击破解软件 .exe 进行安装，破解软件界面如图 9.15 所示。

在读卡器上放置需要被分析破解的 Mifare 1 IC 密码卡片。正常情况下，读卡器会发出
"滴"的一声，同时指示灯会由红转绿。如未发生上述变化，则说明放置的 IC 卡非 Mifare 1
兼容类型卡，设备无法识别。

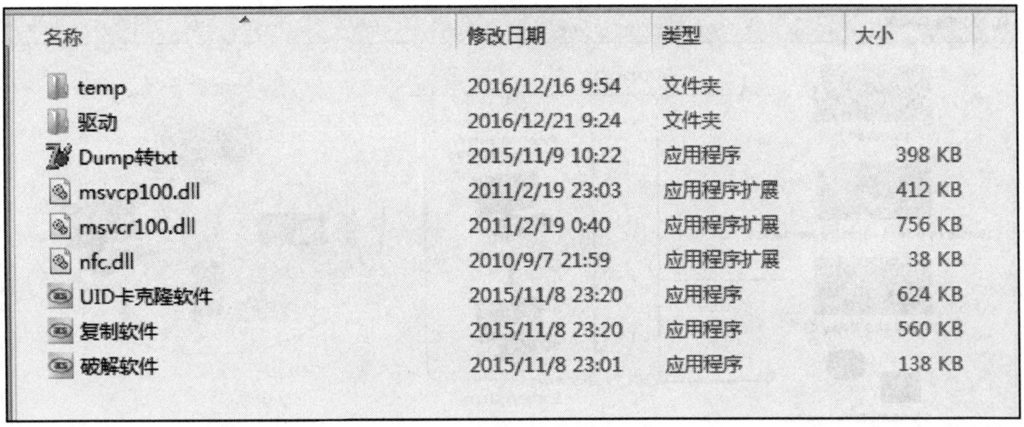

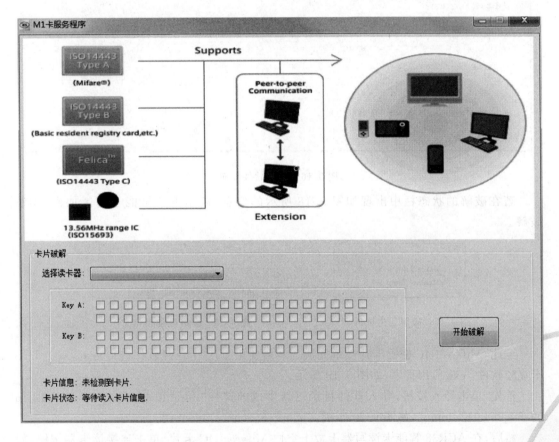

名称	修改日期	类型	大小
temp	2016/12/16 9:54	文件夹	
驱动	2016/12/21 9:24	文件夹	
Dump转txt	2015/11/9 10:22	应用程序	398 KB
msvcp100.dll	2011/2/19 23:03	应用程序扩展	412 KB
msvcr100.dll	2011/2/19 0:40	应用程序扩展	756 KB
nfc.dll	2010/9/7 21:59	应用程序扩展	38 KB
UID卡克隆软件	2015/11/8 23:20	应用程序	624 KB
复制软件	2015/11/8 23:20	应用程序	560 KB
破解软件	2015/11/8 23:01	应用程序	138 KB

图 9.14　解密软件所在位置

图 9.15　破解软件界面

单击开始破解按钮。对于加密的内容不同,破解时间一般需要的时间不同。破解完成,如图 9.16 所示。

破解完成后会自动生成破解后的文件,在 temp 文件夹中。同时在软件目录下会生成一个克隆此卡时需要的文件,如图 9.17 所示。

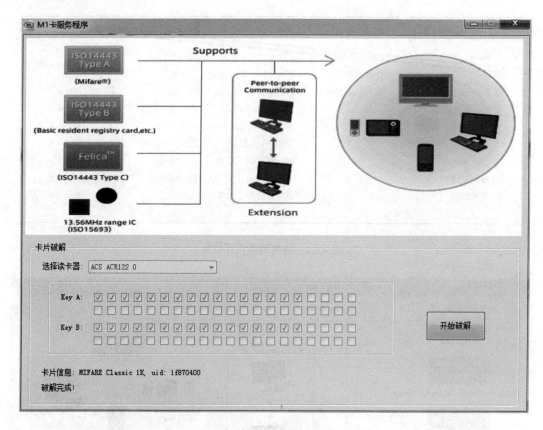

图 9.16　破解软件界面

若在破解的状态栏中出现如图 9.18 所示的信息,表示卡片可能全扇区加密,无法破解。

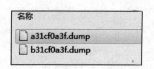

卡片信息: MIFARE Classic 1K, uid: 5d6a0269
没有找到用默认密码加密的扇区,退出.

图 9.17　破解后生成的文件　　　　图 9.18　全扇区加密信息

至此,Mifare 1 IC 密码卡片破解完成。然后使用 UID 卡克隆软件进行写卡,双击 UID 卡克隆软件.exe 应用程序,如图 9.19 所示。

首先,单击导入按钮,导入软件目录下新生成的文件"dumpfile 1f870400(2016-12-16 09_50_34)1K.dump",如图 9.20 所示。

然后,在 ACR38 智能卡读写器上放上空白 Mifare 1 IC 卡片,单击连接读卡器按钮,如图 9.21 所示。

接着,单击连接卡片按钮,如图 9.22 所示。连接卡片成功。

最后,单击写卡按钮,写卡完成界面,如图 9.23 所示。写卡完成。

图 9.19　UID 卡科隆软件

图 9.20　导入要克隆的文件

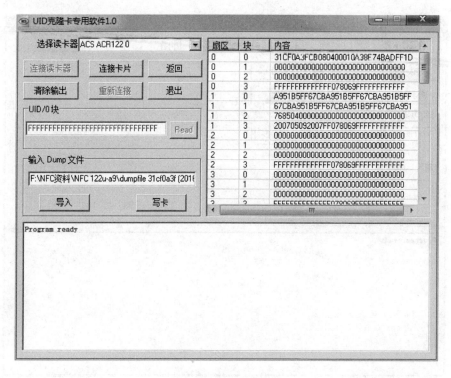

图 9.21　连接读卡器

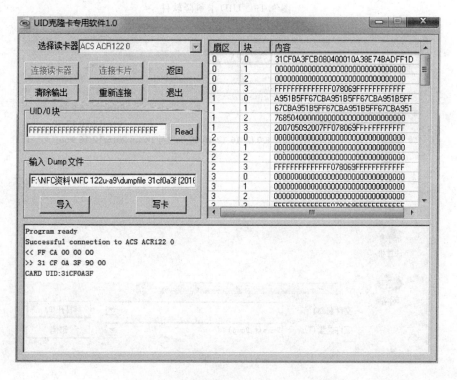

图 9.22　连接卡片

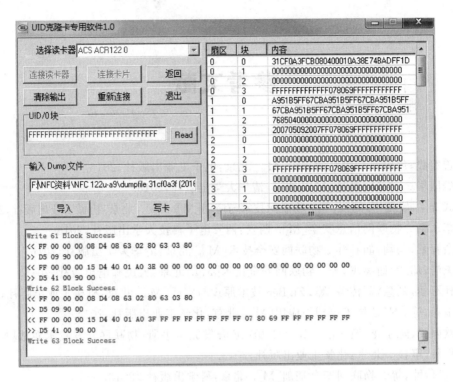

图 9.23 写卡成功

9.4 思 考 题

1. NFC 技术是什么？与 RFID 技术有什么区别？

2. 最基本的 RFID 系统由哪三部分组成？

3. RFID 系统的基本工作方式有哪几种？分别是什么？NFC 芯片三种运行模式分别是什么？

4. 三种近距离通信方式：NFC、红外、蓝牙的优缺点分别是什么？

参考文献

[1]　曾宪武,包淑萍. 物联网导论[M]. 北京:电子工业出版社,2016.

[2]　詹国华. 物联网概论[M]. 北京:清华大学出版社,2016.

[3]　武奇生,姚博彬,高荣,等. 物联网技术与应用[M].2 版. 北京:机械工业出版社,2016.

[4]　李永忠. 物联网信息安全[M]. 西安:西安电子科技大学出版社,2016.

[5]　余智豪,马莉,胡春萍. 物联网安全技术[M]. 北京:清华大学出版社,2016.

[6]　王浩,郑武,谢昊飞,等. 物联网安全技术[M]. 北京:人民邮电出版社,2016.

[7]　杜军朝,刘惠,刘传益,等.ZigBee 技术原理与实践[M]. 北京:机械工业出版社,2015.

[8]　王淼,等.NFC 技术原理与应用[M]. 北京:化学工业出版社,2014.

[9]　欧阳骏,陈子龙,黄宁淋. 蓝牙 4.0BLE 开发完全手册:物联网开发技术实战[M]. 粟思科,审核. 北京:化学工业出版社,2013.

[10]　武传坤,等. 物联网安全基础[M]. 北京:科学出版社.2013.